"十四五"时期国家重点出版物出版专项规划项目

华为网络技术系列

华为数据通信
架构与技术

运营商数据中心网络架构与技术

Carrier Data Center Network Architectures and Technologies

主 编 徐文伟 侯延祥 余根销

副主编 陈 军 张忠刚

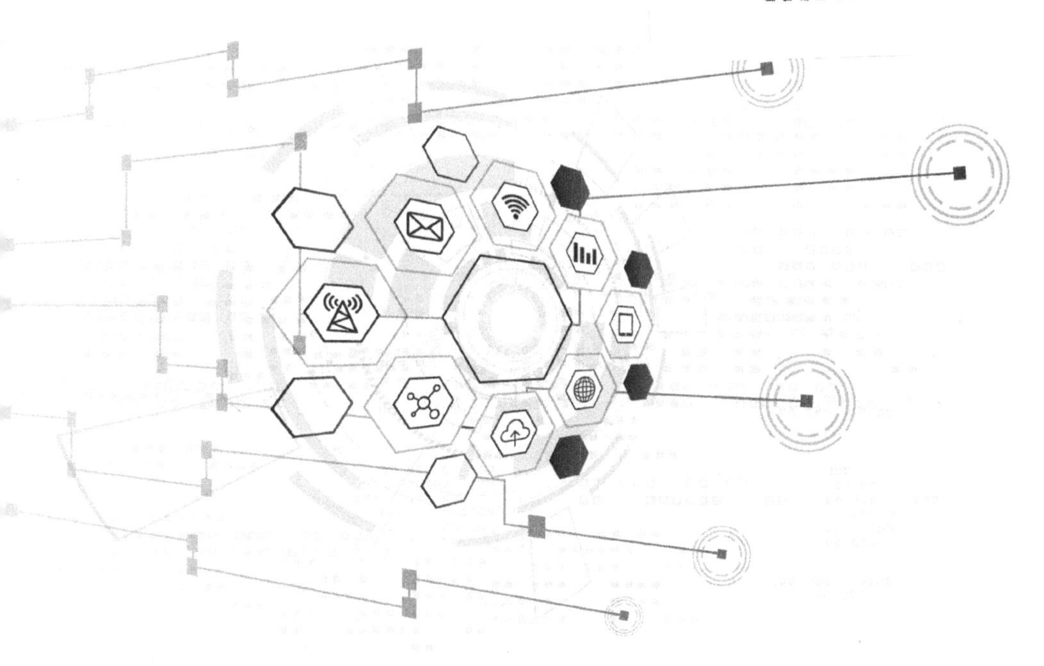

人民邮电出版社

北 京

图书在版编目（CIP）数据

运营商数据中心网络架构与技术 / 徐文伟，侯延祥，余根销主编. -- 北京 : 人民邮电出版社，2023.4
（华为网络技术系列）
ISBN 978-7-115-61068-3

Ⅰ. ①运… Ⅱ. ①徐… ②侯… ③余… Ⅲ. ①计算机网络—数据处理 Ⅳ. ①TP393

中国国家版本馆CIP数据核字(2023)第017590号

内容提要

本书以运营商数据中心网络面临的业务挑战为切入点，详细介绍运营商数据中心网络的架构设计、技术实现和规划设计，并给出部署建议。首先，本书介绍运营商数据中心整体业务的发展情况，从业务的维度总结运营商数据中心的5个场景业务——IT云、电信云、IDC、公有云以及城域IPTV与CDN对网络的诉求。接着，本书基于运营商业务的三个主要场景——IT云、电信云和IDC，给出业务和网络发展趋势、需求分析、网络架构设计和安全设计。最后，本书还着重针对云计算时代的运营商数据中心网络如何运维进行了阐述。

本书可以为构建安全、可靠、高效、开放的运营商数据中心网络提供参考和帮助，适合企业和科研院所信息化部门及数据中心的技术人员阅读，也可为高等院校计算机网络相关专业的师生提供参考。

◆ 主　　编　徐文伟　侯延祥　余根销
　副 主 编　陈　军　张忠刚
　责任编辑　韦　毅
　责任印制　李　东　焦志炜

◆ 人民邮电出版社出版发行　　北京市丰台区成寿寺路 11 号
　邮编　100164　　电子邮件　315@ptpress.com.cn
　网址　https://www.ptpress.com.cn
　固安县铭成印刷有限公司印刷

◆ 开本：720×1000　1/16
　印张：12.25　　2023 年 4 月第 1 版
　字数：226 千字　　2023 年 4 月河北第 1 次印刷

定价：69.80 元

读者服务热线：(010)81055552　印装质量热线：(010)81055316
反盗版热线：(010)81055315
广告经营许可证：京东市监广登字 20170147 号

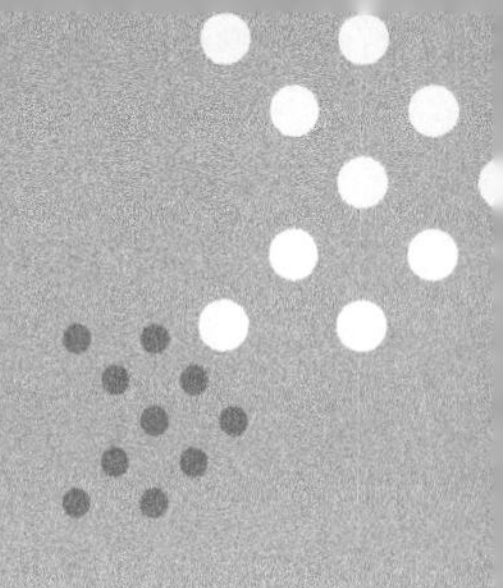

丛书编委会

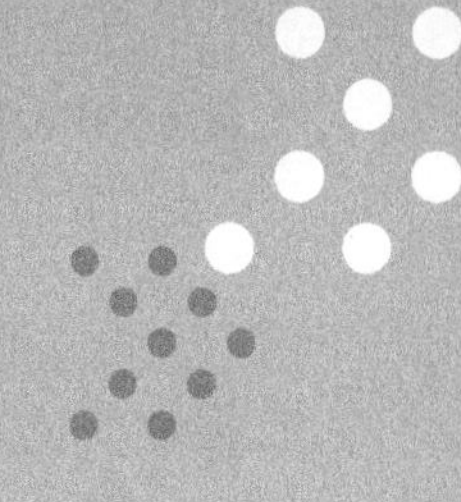

推 荐 语

该丛书由华为公司的一线工程师编写，从行业趋势、原理和实战案例等多个角度介绍了与数据通信相关的网络架构和技术，同时对虚拟化、大数据、软件定义网络等新技术给予了充分的关注。该丛书可以作为网络与数据通信领域教学及科研的参考书。

——李幼平

中国工程院院士，东南大学未来网络研究中心主任

当前，国家大力加强网络强国建设，数据通信就是这一建设的基石。这套丛书的问世对进一步构建完善的网络技术生态体系具有重要意义。

——何宝宏

中国信息通信研究院云计算与大数据研究所所长

该丛书以网络工程师的视角，呈现了各类数据通信网络设计部署的难点和未来面临的业务挑战，实践与理论相结合，包含丰富的第一手行业数据和实践经验，适用于网络工程部署、高校教学和科研等多个领域，在产学研用结合方面有着独特优势。

——王兴伟

东北大学教授、研究生院常务副院长，国家杰出青年科学基金获得者

该丛书对华为公司近年来在数据通信领域的丰富经验进行了总结，内容实用，可以作为数据通信领域图书的重要补充，也可以作为信息通信领域，尤其是计算机通信网络、无线通信网络等领域的教学参考。该丛书既有扎实的技术性，又有很强的实践性，它的出版有助于加快推动产学研用一体化发展，有助于培养信息通信技术方面的人才。

——徐　恪

清华大学教授、计算机系副主任，国家杰出青年科学基金获得者

该丛书汇聚了作者团队多年的从业经验，以及对技术趋势、行业发展的深刻理解。无论是作为企业建设网络的参考，还是用于自身学习，这都是一套不可多得的好书。

——王震坡

北京理工大学教授、电动车辆国家工程研究中心主任

这是传统网络工程师在云时代的教科书，了解数据通信网络的现在和未来也是网络人的一堂必修课。如果不了解这些内容，迎接我们的可能就只有被淘汰或者转行，感谢华为为这个行业所做的知识整理工作！

——丘子隽

平安科技平安云网络产品部总监

该丛书将园区办公网络、数据中心网络和广域互联网的网络架构与技术讲解得十分透彻，内容通俗易懂，对金融行业的 IT 主管和工作人员来说，是一套优秀的学习和实践指导图书。

——郑倚志

兴业银行信息科技部数据中心主任

总 序

“2020 年 12 月 31 日，华为 CloudEngine 数据中心交换机全年全球销售额突破 10 亿美元。”

我望向办公室的窗外，一切正沐浴在旭日玫瑰色的红光里。收到这样一则喜讯，倏忽之间我的记忆被拉回到 2011 年。

那一年，随着数字经济的快速发展，数据中心已经成为人工智能、大数据、云计算和互联网等领域的重要基础设施，数据中心网络不仅成为流量高地，也是技术创新的热点。在带宽、容量、架构、可扩展性、虚拟化等方面，用户对数据中心网络提出了极高的要求。而核心交换机是数据中心网络的中枢，决定了数据中心网络的规模、性能和可扩展性。我们洞察到云计算将成为未来的趋势，云数据中心核心交换机必须具备超大容量、极低时延、可平滑扩容和演进的能力，这些极致的性能指标，远远超出了当时的工程和技术极限，业界也没有先例可循。

作为企业 BG 的创始 CEO，面对市场的压力和技术的挑战，如何平衡总体技术方案的稳定和系统架构的创新，如何保持技术领先又规避不确定性带来的风险，我面临一个极其艰难的抉择：守成还是创新？如果基于成熟产品进行开发，或许可以赢得眼前的几个项目，但我们追求的目标是打造世界顶尖水平的数据中心交换机，做就一定要做到业界最佳，铸就数据中心带宽的“珠峰”。至此，我的内心如拨云见日，豁然开朗。

我们勇于创新，敢于领先，通过系统架构等一系列创新，开始打造业界最领先的旗舰产品。以终为始，秉承着打造全球领先的旗舰产品的决心，我们快速组建研发团队，汇集技术骨干力量进行攻关，数据中心交换机研发项目就此启动。

CloudEngine 12800 数据中心交换机的研发过程是极其艰难的。我们突破了芯片架构的限制和背板侧高速串行总线（SerDes）的速率瓶颈，打造了超大容量、超高密度的整机平台；通过风洞试验和仿真等，解决了高密交换机的散热难题；通过热电、热力解耦，突破了复杂的工程瓶颈。

我们首创数据中心交换机正交架构、Cable I/O、先进风道散热等技术，自研超薄碳基导热材料，系统容量、端口密度、单位功耗等多项技术指标均达到国际领先水平，“正交架构 + 前后风道”成为业界构筑大容量系统架构的主流。我们首创的“超融合以太”技术打破了国外 FC（Fiber Channel，光纤通道）存储网络、超算互联 IB（InfiniBand，无限带宽）网络的技术封锁；引领业界的 AI ECN（Explicit Congestion Notification，显式拥塞通知）技术实现了

RoCE（RDMA over Converged Ethernet，基于聚合以太网的远程直接存储器访问）网络的实时高性能；PFC（Priority-based Flow Control，基于优先级的流控制）死锁预防技术更是解决了RoCE大规模组网的可靠性问题。此外，华为在高速连接器、SerDes、高速AD/DA（Analog to Digital/Digital to Analog，模数/数模）转换、大容量转发芯片、400GE光电芯片等多项技术上，全面填补了技术空白，攻克了众多世界级难题。

2012年5月6日，CloudEngine 12800数据中心交换机在北美拉斯维加斯举办的Interop展览会闪亮登场。CloudEngine 12800数据中心交换机闪耀着深海般的蓝色光芒，静谧而又神秘。单框交换容量高达48 Tbit/s，是当时业界最高水平的3倍；单线卡支持8个100GE端口，是当时业界最高水平的4倍。业界同行被这款交换机超高的性能数据所震撼，业界工程师纷纷到华为展台前一探究竟。我第一次感受到设备的LED指示灯闪烁着的优雅节拍，设备运行的声音也变得如清谷幽泉般悦耳。随后在2013年日本东京举办的Interop展览会上，CloudEngine 12800数据中心交换机获得了DCN（Data Center Network，数据中心网络）领域唯一的金奖。

我们并未因为CloudEngine 12800数据中心交换机的成功而停止前进的步伐，我们的数据通信团队继续攻坚克难，不断进步，推出了新一代数据中心交换机——CloudEngine 16800。

华为数据中心交换机获奖无数，设备部署在90多个国家和地区，服务于3800多家客户，2020年发货端口数居全球第一，在金融、能源等领域的大型企业以及科研机构中得到大规模应用，取得了巨大的经济效益和社会效益。

数据中心交换机的成功，仅仅是华为在数据通信领域众多成就的一个缩影。CloudEngine 12800数据中心交换机发布一年多之后，2013年8月8日，华为在北京发布了全球首个以业务和用户体验为中心的敏捷网络架构，以及全球首款S12700敏捷交换机。我们第一次将SDN（Software Defined Network，软件定义网络）理念引入园区网络，提出了业务随行、全网安全协防、IP（Internet Protocol，互联网协议）质量感知以及有线和无线网络深度融合四大创新方案。基于可编程ENP（Ethernet Network Processor，以太网络处理器）灵活的报文处理和流量控制能力，S12700敏捷交换机可以满足企业的定制化业务诉求，助力客户构建弹性可扩展的网络。在面向多媒体及移动化、社交化的时代，传统以技术设备为中心的网络必将改变。

多年来，华为以必胜的信念全身心地投入数据通信技术的研究，业界首款2T路由器平台NetEngine 40E-X8A / X16A、业界首款T级防火墙USG9500、业界首款商用Wi-Fi 6产品AP7060DN……随着这些产品的陆续发布，华为IP

产品在勇于创新和追求卓越的道路上昂首前行，持续引领产业发展。

这些成绩的背后，是华为对以客户为中心的核心价值观的深刻践行，是华为在研发创新上的持续投入和厚积薄发，是数据通信产品线几代工程师孜孜不倦的追求，更是整个 IP 产业迅猛发展的时代缩影。我们清醒地意识到，5G、云计算、人工智能和工业互联网等新基建方兴未艾，这些都对 IP 网络提出了更高的要求，“尽力而为”的 IP 网络正面临着“确定性”SLA（Service Level Agreement，服务等级协定）的挑战。这是一次重大的变革，更是一次宝贵的机遇。

我们认为，IP 产业的发展需要上下游各个环节的通力合作，开放的生态是 IP 产业成长的基石。为了让更多人加入推动 IP 产业前进的历史进程中来，华为数据通信产品线推出了一系列图书，分享华为在 IP 产业长期积累的技术、知识、实践经验，以及对未来的思考。我们衷心希望这一系列图书对网络工程师、技术爱好者和企业用户掌握数据通信技术有所帮助。欢迎读者朋友们提出宝贵的意见和建议，与我们一起不断丰富、完善这些图书。

华为公司的愿景与使命是“把数字世界带入每个人、每个家庭、每个组织，构建万物互联的智能世界”。IP 网络正是“万物互联”的基础。我们将继续凝聚全人类的智慧和创新能力，以开放包容、协同创新的心态，与各大高校和科研机构紧密合作。希望能有更多的人加入 IP 产业创新发展活动，让我们种下一份希望、发出一缕光芒、释放一份能量，携手走进万物互联的智能世界。

徐文伟
华为董事、战略研究院院长
2021 年 12 月

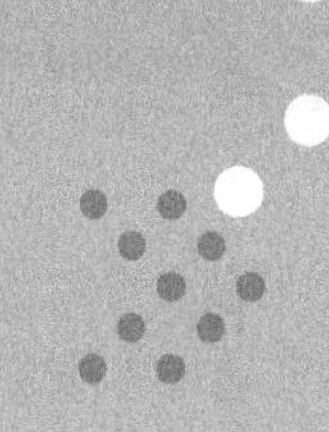

前 言

当前，国际主流运营商都提出了数字化转型战略，而数据中心作为数字化时代的核心基础设施，毫无疑问，在运营商的数字化转型中发挥了重要的作用。本书将介绍在数字化时代，运营商数据中心网络的组网技术及解决方案。

本书共 5 章，具体介绍如下。

第 1 章　运营商数据中心业务概述

本章首先梳理运营商数据中心的发展历程，介绍从语音时代、宽带时代到云网融合时代运营商数据中心的业务特点。然后，基于业务特点，总结运营商数据中心五大场景的业务挑战及业务对网络的需求。

第 2 章　运营商 IT 云数据中心网络设计

本章首先介绍运营商 IT 系统业务和技术发展趋势，并基于业务分析运营商 IT 云网络的需求，然后，基于需求介绍运营商 IT 云数据中心网络架构设计和安全设计。

第 3 章　运营商电信云数据中心网络设计

本章首先介绍运营商电信云业务和技术发展趋势，并基于业务分析运营商电信云网络的需求，然后，基于需求介绍运营商电信云数据中心网络架构设计和安全设计。

第 4 章　运营商 IDC 网络设计

本章首先介绍运营商 IDC 网络业务情况，并基于业务分析运营商 IDC 网络的需求，然后，基于需求介绍运营商 IDC 网络架构设计和业务下发。

第 5 章　运营商数据中心网络运维设计

本章介绍云网融合时代运营商数据中心网络面临的运维挑战，从网络新建 / 扩容、物理网络和逻辑网络统一运维、网络变更、故障主动感知和网络故障自动定位及修复 / 隔离等方面，给出运营商数据中心网络的运维方案。

致谢

本书由华为技术有限公司“数据通信数字化信息和内容体验部”及“数据通

信架构与设计部”联合编写。在写作过程中，华为数据通信产品线的领导给予了很多的指导、支持和鼓励，在此诚挚感谢相关领导的扶持！

以下是参与本书编写和技术审校的人员名单。

主　　编：徐文伟、侯延祥、余根销。

副 主 编：陈　军、张忠刚。

编写人员：徐文伟、张磊、陈乐、张帆、陈山、朱小蕾、蒋忠平、吴学锋。

技术审校：徐文伟、郭俊、王建兵、张磊、陈乐、张帆。

参与本书编写和审稿的人员虽然有多年的 ICT 从业经验，但因时间仓促，书中疏漏之处在所难免，望读者不吝赐教，在此表示衷心的感谢。

本书常用图标

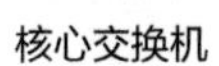

核心交换机

接入交换机

通用交换机

数据中心
核心交换机

数据中心
接入交换机

数据中心
路由器

通用路由器

AC

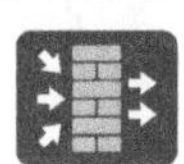

防火墙

服务器

网管

网络

目 录

第1章 运营商数据中心业务概述

从第一次工业革命开始至今已经有两百多年的时间，从蒸汽技术革命、电力技术革命到计算机及信息技术革命，技术的变革让世界发生了翻天覆地的变化。当前最有可能引领第四次工业革命的是广泛而深度应用的数字化技术。数字经济是当前世界经济发展的重心，数字化转型已经成为各个行业发展的驱动力。数字化转型以5G、AI和云计算等关键技术为基础，涵盖数据的生产、消费、传输、处理、存储等各个环节。数字化转型不仅仅涉及当前数字化应用发展较快的热点行业（如互联网、金融行业），运营商作为数字化时代的关键基础设施提供者，在全联接和云计算基础设施方面将继续发挥重要作用。在当前的数字化转型浪潮下，运营商也在积极进行网络和业务的重构，以迎接数字化时代的新挑战。数据中心是数字化时代的关键基础设施，也是运营商在数字化时代重要的业务载体。本章将探讨运营商数据中心在不同时代的业务变革，以及新一代数据中心在不同应用场景下的组网技术需求和挑战，为运营商数据中心网络的演进提供参考。

1.1 运营商数据中心的发展历程

当前国际主流运营商都提出了云化转型战略，云网融合的技术路线成为运营商的共识。运营商的云化战略有两个重点方向。一是网络云化，即网络基础设施向SDN（Software Defined Network，软件定义网络）/NFV（Network Functions Virtualization，网络功能虚拟化）方向演进，以此提升网络的弹性和运营效率。二是业务云化，即运营商业务向云计算转型，围绕云计算构建运营商业务体系，包括公有云、边缘计算、云专线、IT（Information Technology，信息技术）系统云计算部署等，通过云网联动打造业务竞争力。在运营商数字化转型和云网融合的布局中，运营商数据中心的重要性越来越高，围绕数据中心实现网络和业务重构，成为运营商在网络和业务发展方面的共识。

在数字化时代，运营商数据中心应该如何布局和规划？运营商数据中心基础设施应该采用什么样的技术方案？我们需要从运营商数据中心业务的发展历程中寻找答案。运营商数据中心的技术演进受业务驱动，体现了不同时代运营商与数据的关系不断变化的历程。在业务发展的不同阶段，运营商网络中数据的产生方式、类型和处理方式一直在变化，而这又推动运营商数据中心在地理位置、业务类型、技术架构、运营方式等方面不断演进。运营商的数据与运营商业务强相关，根据运营商业务的发展历程，运营商数据中心的发展大致可以分为语音时代、宽带时代和云网融合时代三个阶段。本节将通过不同时代运营商业务与数据中心的关系，探讨云网融合战略背景下运营商数据中心的业务规划和技术架构。

1.1.1 语音时代的运营商数据中心

语音时代，运营商的组网技术包括PSTN（Public Switched Telephone Network，公用电话交换网）、GSM（Global System for Mobile communications，全球移动通信系统）/CDMA（Code Division Multiple Access，码分多址）、ATM（Asynchronous Transfer Mode，异步传输模式）、SDH（Synchronous Digital Hierarchy，同步数字系列），运营商基于上述技术构建语音业务和专线业务网络。在语音时代，运营商网络内的数据特点如下。

1. 业务类型单一，数据流量小

在数据类型与流量方面，受业务和终端类型的限制，运营商网络数据类型很少，主要是与语音业务相关的信令和媒体数据，以及部分企业用户专线数据。传统语音服务对网络带宽的需求较低，因此运营商网络内的数据流量小。

2. 管道业务为主，数据处理重心是网络设备

在数据处理方面，语音业务的信令和媒体数据在终端用户之间交互，以ATM/SDH技术为主的专线业务数据在企业用户之间交互，因此数据主要是在网络设备上转发，除了少量的计费、运维和管理系统外，不需要提供业务系统来实现数据的处理和存储。

3. 机房分散，没有数据集中点

在业务和数据分布方面，由于数据主要存在于网络设备中，而网络设备位置分散，因此运营商除了部分集中部署的计费、运维和管理系统外，没有集中的数据处理节点。

由此可见，在语音时代，运营商网络内承载数据的主体是网络设备，而不是运营商网络内的业务系统，数据更多的是在网络内简单地转发，而不涉及数据的存储和处理。那时，运营商的数据中心更多地被称为机房。以PSTN语音业务为例，在典型的二级网络架构中，网络设备通常分布在四个层级的机房（汇接局机房、骨干本地局机房、远端本地局机房和远端模块局机房）中，运营商的机房主要部署网络设备以及运营语音业务必需的计费、运维和管理系统，这些机房是运营商数据中心的雏形，机房的布局如图1-1所示。

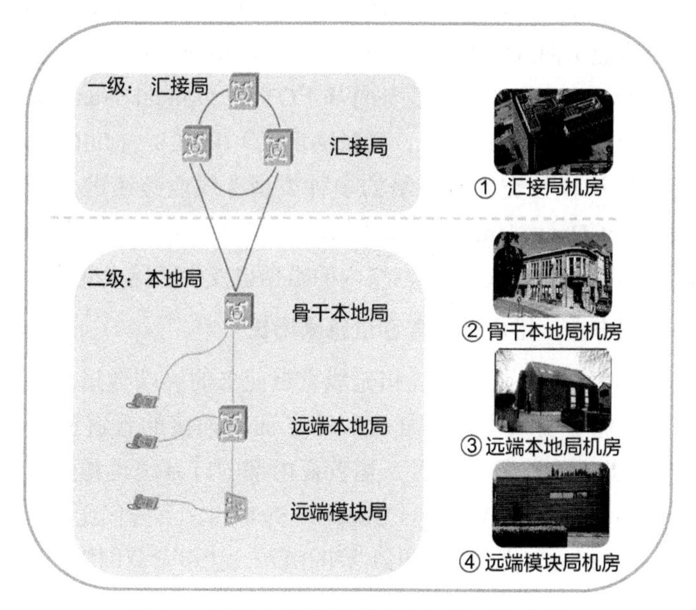

图 1-1　语音时代运营商数据中心（机房）布局

由图1-1可知，语音时代的PSTN局点通常分为以下几类。

- 汇接局：也称关口局，具备汇接功能，完成区域中多个本地网络之间的交换，以及与其他运营商之间通信业务的转换。
- 骨干本地局：本地网中的一种交换局，汇接各端局通过中继线送来的话务量，再送至相应的端局。
- 远端本地局：也称端局，是拥有信令点的电话局，端局直接下挂用户或拨入交换机。
- 远端模块局：实际是端局的一个部分，由于距离、容量等原因，将端局的一部分模块架外延放入远端机房。远端模块局不具备独立的信令处理功能，信令需要上传至所属远端本地局（端局）处理。

实际上，运营商的一个机房通常是几种局点的混合，例如远端本地局与骨干本地局可能共享同一个机房。不同局点的业务功能和处理的数据具有严格分类。通过不同层级的局点，完成语音业务同地域和跨地域的交换。

1.1.2 宽带时代的运营商数据中心

运营商从语音时代向宽带时代迈进，业务方面主要发生了以下变化：基于PSTN的传统语音业务向以xDSL（x Digital Subscriber Line，x数字用户线）、FTTx（Fibre To The x，光纤到x）网络为基础的Triple-play业务演进，2G的GSM/CDMA无线业务向3G/LTE（Long Term Evolution，长期演进技术）无线宽带业务演进，ATM/SDN企业专线业务向基于OTN（Optical Transport Network，光传送网）、IP（Internet Protocol，互联网协议）/MPLS（Multi-Protocol Label Switching，多协议标签交换）网络的多种类型专线业务演进，传统的管道业务向IDC（Internet Data Center，互联网数据中心）、增值业务等多元化业务演进。在业务演进的基础上，运营商网络内的数据也发生了巨大变化，具体如下。

1. 业务类型丰富，用户和带宽容量急剧增长

在数据类型和流量方面，有线和无线宽带业务的终端数量、用户数量都以几何级数增长，业务类型变得多样化，除了面向连接的管道业务外，运营商还提供IDC和各类增值业务。同时，运营商内部的IT系统也得到长足发展，如NGBSS（Next Generation Business Support System，下一代业务支撑系统）、OA（Office Automation，办公自动化）等的引入，让运营商网络中的流量类型更加丰富。窄带语音向宽带数据业务的演进，带来了网络流量的急剧增长。

2. 运营商不只提供数据转发能力，还需要提供数据处理能力

在数据处理方面，由于运营商的业务类型丰富，数据的处理不再局限于转发，而是需要在不同场景下提供数据处理和存储能力。运营商数据处理的主要场景有：运营商IT系统，包括BSS（Business Support System，业务支撑系统）、OSS（Operations Support System，运营支撑系统）、MSS（Management Support System，管理支撑系统）、大数据平台；各级IDC为OTT（Over The Top，过顶，指通过互联网为用户提供各种应用服务）解决方案等合作伙伴提供业务承载的平台；运营商增值业务，如彩铃、彩信；NB-IoT（Narrowband Internet of Things，窄带物联网）平台；城域内的IPTV（Internet Protocol Television，IP电视）、CDN（Content Delivery Network，内容分发网络）等。数据不再只是在网络设备间转发，运营商需要直接处理数据或者提供数据处理的平台。

3. 业务和数据相对集中

在数据分布方面，运营商宽带业务的重心是To C业务，业务种类包括多媒体、游戏、电商、门户等，这些业务通常可接受大于20 ms的时延，而且规模部署能够优化成本。因此，宽带时代的IDC、运营商IT系统、运营商增值业务等部署位置相对集中，业务通常会在区域中心和总部部署。

宽带时代，随着其网络内连接的用户数量和业务类型的增长，之前语音时代主要提供网络设备部署的机房已经不能满足其需求，运营商需要提供数据中心来承载对内和对外的业务平台。由于业务系统的部署相对集中，运营商数据中心主要分布在总部和区域中心。宽带时代运营商数据中心布局如图1-2所示。

从图1-2中可看出，从功能角度看，宽带时代运营商的数据机房主要分为两类。一类主要承载运营商网络设备，以转发业务数据为主。这类机房分布在运营商网络的各个层级，以城域网为例，包括承载无线和有线接入设备的BBU（Baseband Unit，基带单元）远端机房、OLT（Optical Line Terminal，光线路终端）远端机房，以及承载BRAS（Broadband Remote Access Server，宽带远程接入服务器）、SR（Service Router，业务路由器）、GGSN（Gateway GPRS Support Node，网关GPRS支撑节点）等网关类设备的城域骨干机房。另一类机房则是处理数据的机房，位置等级相对较高，主要是处理运营商内部运营数据的机房，通常称为EDC（Enterprise Data Center，企业数据中心），主要承载支撑运营商网络运营和管理的BSS/OSS类业务以及OA类业务。IDC机房主要用于承载运营商自营的互联网业务和增值业务，同时对外提供机架出租业务，用于第三方服务的承载。

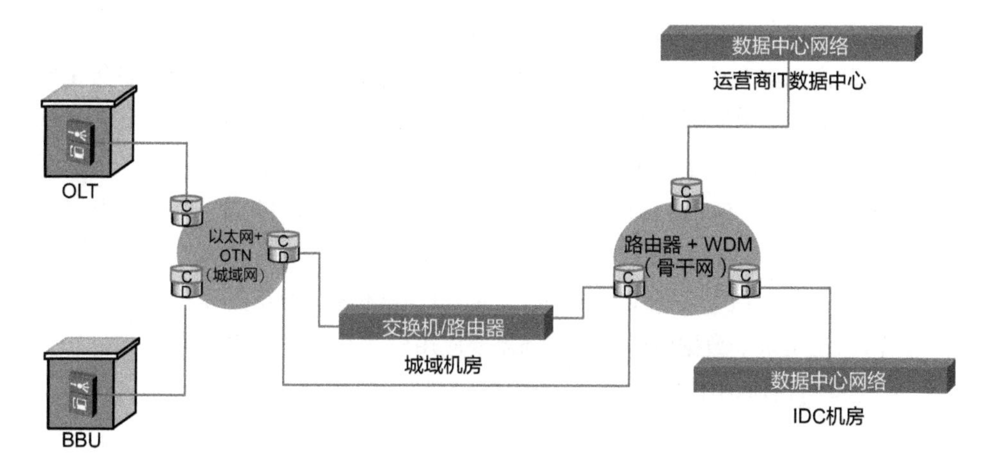

图 1-2　宽带时代运营商数据中心布局

1.1.3 云网融合时代的运营商数据中心

当前，以云计算、AI和5G为基础的数字经济方兴未艾，运营商正处于网络重构和业务转型的关键时期，纷纷推出云网融合战略以应对新时代的挑战。业务转型方面，运营商业务从宽带时代的以To C业务为主，开始转向To B和To C业务并重，基于云计算业务和5G为传统产业赋能，提供云网一体的ICT（Information and Communication Technology，信息通信技术）服务。网络重构方面，运营商利用5G和全光宽带建设的契机，采用SDN/NFV技术建设网络，推行网络云化改造，构建高效、敏捷、弹性的新一代运营商网络。云网融合时代，运营商数据中心具备的新特点如下。

1. 泛在网络带来业务连接和流量类型的复杂性

随着业务从To C向To B领域的深入发展，运营商网络除了提供人和人之间的连接外，还将提供更多的人和物、物和物之间的连接。基于云计算业务和5G，新的业务类型将不断涌现，运营商网络中连接的终端类型、连接数量和业务带宽将呈指数级增长。因此，从数据连接和类型的角度看，云网融合时代，运营商网络中的数据更加多样化、复杂化，对不同类型数据的识别和处理将成为新的挑战。

2. 云网协同将是运营商处理业务数据的主流方式

在宽带时代，网络和数据中心是相对解耦的，数据中心业务与网络没有协同的必要。而在云网融合时代，数据中心业务和网络紧密协同，体现为以下几点。

- 网络围绕数据中心进行重构，LTE/5G核心网元基于SDN/NFV技术实现电信云化部署，在网络建设和运维环节实现云网融合。
- 运营商面向企业用户提供云网融合解决方案和服务，云专线和云服务是整体解决方案中的两个组成部分，基于OTN/MPLS VPN（Multi-Protocol Label Switching Virtual Private Network，多协议标签交换虚拟专用网）的云专线或者SD-WAN（Software Defined Wide Area Network，软件定义广域网）服务，需要与公有云/行业云/边缘云业务协同才能提供整体解决方案。
- 运营商IT系统（BSS/OSS/MSS）的云计算部署，无论是在单个数据中心内，还是多个数据中心互联，都需要应用SDN解决方案才能实现。

3. 运营商数据中心多层次协同工作

随着5G和云计算业务的发展，运营商的数据中心业务将以层次化方式分布，对时延和带宽要求较高的业务系统将贴近用户部署，对时延和带宽要求较低、全局共享的业务系统则集中部署。多个层次的数据中心通过运营商高速网络按需互联，通过云网融合，实现运营商业务的高效、敏捷提供，也为业务创新打下了良好基础。

以DC（Data Center，数据中心）为中心进行网络重构，通过云网融合，满足网络和业务云化部署，已经成为主流运营商的共识。图1-3是运营商在云网融合时代的典型的数据中心布局。

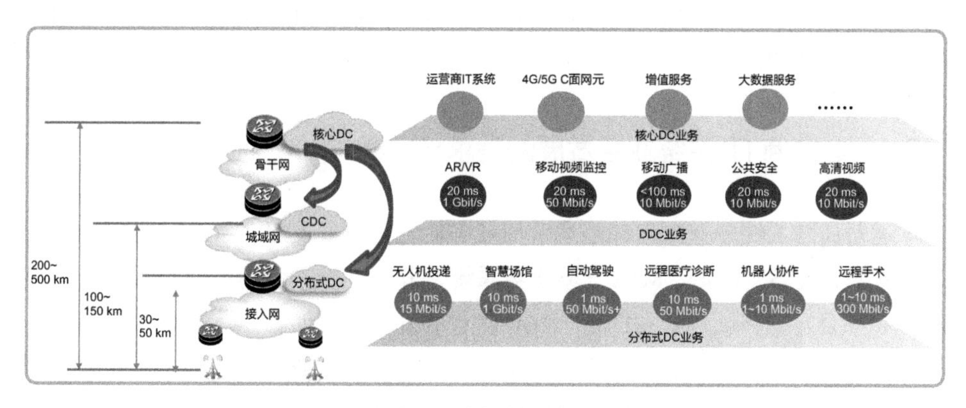

图 1-3　云网融合时代运营商数据中心布局

围绕数据中心实现运营商网络重构和业务转型，已经成为当前全球主流运营商的共识。在新的云网融合架构下，不同类型的业务对网络的带宽与时延，以及资源需求类型与规模，存在较大差异。因此，规划不同层级的数据中心，满足不同类型业务的承载需求，是业务合理部署的基础。云网融合架构下，运营商数据中心可以大致分为三类，即分布式DC、CDC（Central Data Center，中心数据中心）和核心DC。其中，分布式DC分布在运营商城域网边缘，由于更接近用户，可以部署对带宽、时延敏感的业务，如面向企业用户的工业控制。CDC主要用于部署对资源规模具有更高要求，但对带宽和时延没有苛刻要求的业务，如运营商网络的控制面NFV网元、面向公众服务的视频类业务等。而核心DC用于对算力要求更高、数据集中度高、对时延要求不敏感的业务，如运营商的OSS。

1.2　运营商数据中心业务的需求与挑战

运营商新一代的网络和业务基于云网融合技术构建，运营商数据中心将成为业务的主要载体。运营商数据中心业务包括IT云、电信云、公有云、hosting、IDC、CDN和IPTV业务，不同的运营商提供的业务存在差异，除了IT云和电信云这两种网络重构必要的业务外，公有云、IDC、CDN、IPTV这几类业务中，某个特定的运营商可能提供其中的一种或者多种。业务需求和技术变革是运营商数据中心业务发展的主要驱动力。新时代，运营商数据中心业务发展存在诸多需求，面临许多挑战。由于篇幅所限，本书将重点针对运营商IT云、电信云和IDC三个场景下数据中心网络的设计进行讲解，因为在这三种场景下，数据中心网络起着较为重要的作用。

1.2.1 运营商 IT 系统业务发展的需求与挑战

运营商IT系统一直以来都是运营商业务运营的重要支撑，经过多年的发展，其已经形成BSS、OSS、MSS三类业务系统，分别支撑运营商的业务运营、网络运维和办公自动化。运营商IT系统在新时代的发展主要面临以下需求和挑战。

- 业务发展需求：在云网融合时代，运营商的To C业务面临转型，传统语音业务转向流量经营，要求IT系统受理更便捷、计费更精准。而随着To B业务的发展，面向垂直行业市场的M2M（Machine to Machine，机器与机器通信）、大数据等新商业模式，对IT系统的角色要求从支撑系统转变为生产系统。
- 技术发展需求：以BSS为例，当前的NGBSS采用传统的SOA（Service-Oriented Architecture，面向服务的体系结构），采用薄平台（即业务较为简单的平台）和业务功能专业定制的开发模式，业务需求响应慢，开发周期长，项目投资大，难以满足新时代业务发展的需求。未来的IT系统的演进目标是支持快速迭代，满足新的业务发展需求。IT系统的新架构以云计算为底座，以微服务为框架，具备厚平台（即业务较为复杂的平台）和轻业务特征，支持利用云原生方式进行开发和运维。
- 服务发展需求：随着移动互联网和智能终端的发展，运营商的服务提供方式也在发生变化。运营商对公众和企业的服务方式及渠道，从过去的实体门店和人工服务模式，逐步转向网上商城、手机营业厅等线上模式，推动运营商IT系统向集约化和标准化方向发展。

基于上述业务发展需求，运营商IT系统未来的发展趋势可以归纳如下。

- IT系统集中部署：IT系统集中部署已经成运营商行业的趋势。IT系统集中部署到少数几个数据中心，符合运营商IT系统的业务、技术和服务发展的需求。首先，集中部署可以提升IT基础设施的资源利用率，增强资源获取的便利性。其次，IT系统的集中开发、测试、发布可以有效提高IT系统的开发、运维效率，同时可以提高BSS/OSS域内和跨域的数据共享以及业务协同效率。最后，IT系统集中部署可以降低IT基础设施的采购和维护成本，提升维护效率。

- IT基础设施以云计算为基础：运营商的IT基础设施一直保持演进，从最早的业务系统独立建设和使用基础设施，演进到当前普遍采用资源池和云计算。运营商IT基础设施中的计算资源的类型也从早期的小型机、一体机演进到基于x86的虚拟机、裸金属服务器、容器等多种资源形态并存。未来的运营商IT系统将以云计算为底座，以微服务框架为业务部署平台，满足应用灵活部署的需求。总的来说，IT基础设施向云计算、大数据方向发展，符合当前技术潮流。
- IT系统功能逐步融合：IT系统的部署集中化，IT基础设施的资源池化，以及数据库、消息队列等中间件的标准化和通用化，是运营商IT系统在平台层面的演进趋势。而OSS/BSS应用的服务化、标准化则是应用层面的发展趋势，应用系统的融合有利于业务功能的灵活创新，有利于降低业务系统的开发和维护成本。IT系统功能的融合，可以较好地满足运营商IT系统服务发展的需求。

运营商IT系统随着集中化、基础设施云化以及功能融合，正向着运营商IT云演进，而运营商IT系统网络也需要适应这些变化，向运营商IT云网络演进。

1.2.2　运营商电信云业务发展的需求与挑战

电信云的建设是运营商云网融合战略的关键，其核心理念是采用云计算技术建设运营商网络，实现网络设备虚拟化、网络功能服务化、网络部署和运维自动化，由此提高网络的部署和运维效率，降低网络建设成本，实现网络功能的灵活扩展，满足云网融合时代网络业务快速变化的需求。电信云的建设不同于传统运营商网络的建设，在业务、技术、工程交付、运维等环节都存在新的需求和挑战，需要关注以下重点。

1. 电信云的建设内容与布局

电信云的规划布局直接影响云网融合业务规划，建设电信云需要考虑的首要问题包括：哪些网络适合按照电信云方式建设？不同的网元部署在哪个层级的数据中心？电信云业务部署的优先级是什么？

2. 云网协同业务的实现

电信云的云网协同包括以下几个方面。首先是电信云内的云网协同，主要解决电信云在数据中心内的部署自动化问题。其次是电信云和无线网络、承载网协同，实现5G切片从业务需求到编排和配置的闭环以及端到端的自动化。最后是运营商网络与公有云、IT云等实现联动，实现云专线和云服务的业务联动，提升部署效率。

3. 电信云的成本与效率

NFV架构的用途之一是采用通用化硬件设备，替代专用网络设备，降低网络建设成本，因此建设电信云时，通常会尽量提高服务器的利用率，但需要考虑网元的运行效率是否满足业务要求，比如部分转发类网元对带宽和时延要求高，采用通用化服务器会带来性能瓶颈，成本优势也会降低。因此，建设电信云的过程中，需要在效率和成本之间取得平衡，选择合适的技术方案来部署特定的网元。

4. 电信云的可靠性

电信云不同于公有云和IT云，它提供的是公共电信服务，可靠性一直是电信云业务最重要的要求之一。网络设备从传统形态转换为电信云后，新的技术体系和解决方案如何保障同等的可靠性，始终是建设电信云时最关注的问题之一。

5. 电信云需要新的运维体系

电信云的维护对运营商现有的运维体系的挑战是全方位的。首先是运维团队的架构方面，传统网络之间界限清晰，运维团队按照专业分工，而电信云的基础是云计算和云网融合，维护的界面和专业分工比较模糊，因此，运维团队在团队分工协作方面面临新的挑战。其次是运维技能方面，电信云的维护需要运维人员掌握云计算、虚拟化、SDN等技术，对其技能要求更高。最后是运维平台和工具需要满足电信云的运维需求，传统的运维平台和工具是面向网络设备的，而电信云则要求对云计算基础设施和软件态的网元进行运维，因此建设电信云时除了网络建设外，还需要同时考虑运维平台和工具的建设。

1.2.3 运营商 IDC 业务发展的需求与挑战

从宽带时代开始，IDC就是运营商的关键业务之一。运营商IDC承载着宽带时代互联网业务的内容，为运营商的自有业务和OTT业务提供了优良的平台。IDC业务不仅仅是企业机房资源利用的一种手段，同时也是运营商To B业务的重要组成部分，IDC业务承接的OTT客户为运营商的宽带客户提供了本地化的服务和内容，可以有效提升运营商的宽带服务质量。在云网融合时代，IDC业务仍然是运营商的重要业务之一，但也面临新的需求和挑战，总结如下。

1. 中小型机房的有效利用与集中运营

随着宽带城域网在全光网络时代的改造，宽带城域网的层级和节点减少，传统宽带城域网的边缘机房将被腾退。中小型机房靠近用户且具备线路资源，是不可多得的优质资产。如何对中小型机房进行业务定位和高效运营，是当前运营商普遍面临的问题。中小型机房和中心机房统一运营是提高IDC业务运营效率的有效手段。

2. 需要提高IDC业务运维效率

传统的IDC业务开通，从合同的签订到机房内的配置，主要是以工单方式传递任务，手工完成IDC的相关配置，缺乏有效的IT系统和运维工具支撑。当IDC业务的范围从CDC扩展到EDC（Edge Data Center，边缘数据中心）后，有效地运维多层次、分散的机房资源成为新的需求和挑战。

3. 需要解决单个用户分布在多个IDC的业务互通问题

由于IDC资源的分散化，以及租户业务的多数据中心分散部署，hosting业务需要解决用户分散在多个IDC的业务互通问题，并提供相应的QoS（Quality of Service，服务质量）和安全服务等，保证业务的SLA（Service Level Agreement，服务等级协定）。

1.2.4　运营商公有云业务发展的需求与挑战

经过十多年的发展，公有云已经逐步从线上进入线下，在企业市场中逐渐成为企业IT基础设施的主流选择。对运营商而言，未来To B业务为企业客户提供的整体解决方案中，无论是提供云网融合整体方案，还是提供企业上云专线业务，公有云都是不可或缺的一部分。在云网融合时代，运营商怎么处理公有云业务，是绕不开的话题。运营商公有云业务的需求和挑战总结如下。

首先，运营商需要根据实际情况，找到其在公有云业务中的角色和定位，这将直接影响运营商在企业解决方案、数据中心布局、网络云建设等方面的策略。运营商在公有云业务中的角色和定位主要有以下几类。

- 运营商作为公有云服务商，直接提供基于自营公有云的整体解决方案。在这种情况下，运营商直接运营公有云和混合云，并整合专线、5G切片等业务，为企业提供端到端解决方案。

- 运营商作为公有云渠道分销商，结合自有专线业务，提供整体解决方案。如果运营商不直接运营公有云，而是作为一个分销渠道销售公有云和混合云，同样可以整合专线、5G切片等业务，为企业提供端到端解决方案。运营商需要考虑云专线、5G切片、边缘云与多个公有云合作伙伴的对接和分工界面。
- 运营商只提供云专线，不直接提供公有云业务。在运营商只提供云专线的场景中，运营商首先需要解决SD-WAN、OTN、MPLS VPN/SRv6（Segment Routing over IPv6，基于IPv6的段路由）等云专线业务的服务化和自动化配置问题。其次，在公有云POP（Point Of Presence，运营网接入点）、边缘云MEP（Multi-access Edge Platform，多接入边缘平台）对接等场景下，运营商需要解决云专线业务与公有云业务协同问题。
- 运营商提供数据中心基础设施。在该合作模式中，运营商可能在提供云专线业务外，还向公有云服务商出租数据中心L0基础设施，包括机房、电源、机柜等。

其次，运营商网络重构需要重点考虑与公有云业务的云网协同。可以看到，无论运营商在公有云业务中是哪一种定位和角色，只要运营商提供企业专线业务，就需要考虑运营商网络与公有云业务的云网融合问题。因为运营商传统的企业专线业务连接的对象是企业分支和企业总部的数据中心，而在公有云和混合云服务场景中，企业专线连接对象变成了企业本地IT基础设施和公有云。运营商网络与公有云的云网融合，主要的需求和面临的挑战如下。

- 企业各类型专线的服务化问题，包括SD-WAN、裸光纤、OTN、MPLS VPN/SRv6、无线切片和无线专网等。专线业务服务化要提供专线业务服务平台、资源勘查与管理、专线业务集中编排、专线配置自动化、专线监控与维护等服务。
- 企业专线与公有云业务集成与协同问题。由于公有云业务提供的位置多样化，包括城域云POP、5G边缘云等场景，而公有云管理平台云专线的集成方案和API（Application Program Interface，应用程序接口）差异较大，因此运营商在云专线业务设计时，需要考虑上述情况下服务的灵活集成能力。
- 运营商自有的电信云、IT云、hosting等业务的布局和资源规划，需要考虑与公有云业务的配合，才能有效实现云网融合。

1.2.5 运营商城域 IPTV 与 CDN 业务的发展需求与挑战

基于IPTV与CDN平台的视频业务是宽带时代运营商的关键业务，视频业务是家庭宽带Triple-play（语音、数据、数字电视三网合一）业务的重要组成部分，视频业务对运营商提高宽带业务附加值和用户黏性有着重要意义，提供视频业务是运营商高效利用宽带城域网并减轻骨干网压力的举措之一。运营商的CDN平台有两种运营模式，第一种是运营商独立建设和运营，第二种是运营商与第三方CDN平台合作。在云网融合时代，视频业务仍然是运营商的关键业务之一，IPTV与CDN平台和运营商新的网络架构融合，需要重点关注以下问题。

1. 在5G和全光接入网络架构下，需要重新考虑CDN部署的位置

5G和全光接入网络将改变运营商无线和有线宽带城域网的架构，相比传统的城域网架构，面向公众用户的宽带业务网关位置等级将相对更低。为了提升用户的视频业务体验，同时降低流量绕行带来的时延和带宽浪费，边缘CDN的位置需要根据有线和无线宽带网关的位置做相应调整。

2. CDN业务流量承载优化

运营商网络对视频业务的承载重点需要考虑两大需求。一是单个视频源面向多个节点的转发效率，传统城域网主要采用组播方式复制转发。二是视频业务承载质量保障，承载网需要降低时延、减小抖动，提高视频业务质量。视频业务的高效稳定承载是云网融合时代运营商面临的新的网络架构挑战之一。

3. 运营商CDN业务和边缘云业务的合作与竞争

在5G和全光接入网络架构下，视频和Cloud AR（Augmented Reality，增强现实）/VR（Virtual Reality，虚拟现实）等业务将随着边缘云业务推进到靠近终端用户的边缘站点，同时CDN业务也是公有云服务商在边缘云解决方案中的业务之一。在云网融合时代，运营商自建或者合作运营的CDN平台和边缘云的合作与竞争将是新的挑战。

通过以上对运营商数据中心主要业务的分析可以发现，在云网融合时代，运营商的网络重构以及业务发展都与数据中心紧密相连。运营商数据中心的业务发展面临新的挑战，同时也存在新的机遇，技术发展和业务创新是运营商网络重构和业务转型的原始动力，在全球数字经济蓬勃发展的历史背景下，相信运营商作为ICT基本能力提供方将发挥更大的作用。

第 2 章
运营商 IT 云数据中心网络设计

运营商的IT系统可以分为三类，即BSS、OSS、MSS。运营商的业务发展离不开IT系统的支持。从语音时代开始，伴随运营商业务的发展，IT系统也得到了快速发展。本章将介绍IT云数据中心网络架构设计和安全设计。

| 2.1　运营商 IT 系统业务和技术发展趋势 |

随着运营商网络和业务向云网融合转型，现有IT系统无论从架构、功能还是服务水平方面都难以满足发展的需要。IT系统作为运营商业务运营的“中枢神经系统”，其演进和发展也是运营商网络重构和业务转型的重要组成部分。IT系统的演进由技术变革和业务需求驱动，可以分为以下几个阶段，如图2-1所示。

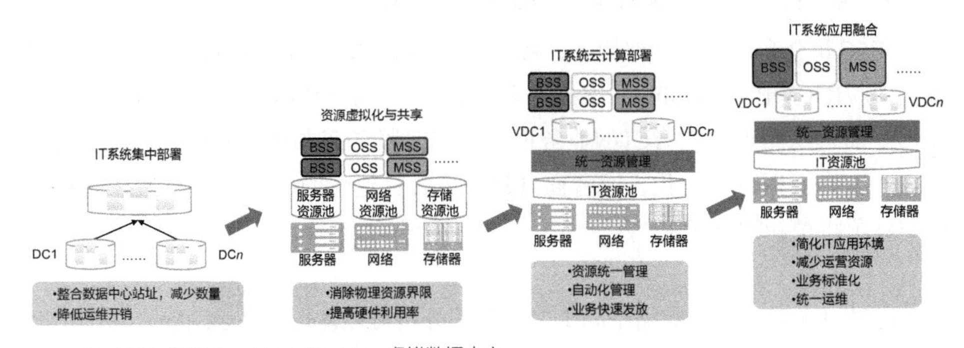

注：VDC 即 Virtual Data Center，虚拟数据中心。

图 2-1　运营商 IT 系统业务和技术发展趋势

1. IT系统集中部署

IT系统集中改造的重点是将原来分散在多个数据中心的IT系统集中到少数几

个数据中心。IT系统集中部署通过减少数据中心数量，整合运维团队，可以有效提高数据中心利用率，降低运维开销。IT系统的集中部署虽然没有满足IT基础设施共享、业务系统融合的诉求，但集中部署为后续的IT基础设施虚拟化和共享提供了可能性。

2. 资源虚拟化与共享

运营商IT系统原有的IT基础设施建设模式是每个业务系统单独建设和使用，IT基础设施的共享程度和利用率都比较低，各个业务系统的IT基础设施在技术方案上也存在较大差异。资源虚拟化的目的是建设IT系统共享的IT基础设施资源池，IT系统的集中部署是资源共享的基础。通过虚拟化技术实现计算、存储、网络等IT基础设施的资源池化，使资源可以弹性扩展和共享，从而提高IT基础设施的利用率。

3. IT系统云计算部署

为进一步提升IT系统的效率，运营商IT系统引入云计算技术是大势所趋。云计算技术的引入体现在两个层面。第一个是在IT基础设施资源层面，虚拟化技术有效解决了IT基础设施资源池化和共享的问题，但IT基础设施资源的服务化、自动化、自服务依赖于云计算平台。运营商可以通过云计算平台实现多个数据中心资源的集中管理、用户集中认证和授权、资源集中申请和发放。引入云计算技术，可以有效提升资源管理和运营水平，进一步提高资源利用率，降低运维成本。第二个是在应用改造层面，BSS/OSS的很多应用采用传统的单体软件或者SOA软件架构，应用系统的功能扩展和升级效率较低，应用开发周期长，成本高。因此，BSS/OSS部分采用微服务框架进行改造，可以有效提升应用开发和部署的效率。

4. IT系统应用融合

当前应用系统的标准化程度低，应用系统内部耦合性强，应用系统之间共享程度低。未来IT系统需要提高软件功能的标准化程度，引入共享的PaaS（Platform as a Service，平台即服务）平台，实现不同类型应用在数据库、大数据平台等中间件层面的共享，由此实现简化IT系统、降低IT系统资源消耗、降低运维成本的目标。

当前不同运营商的IT系统所处的发展阶段存在差异，同一个运营商不同领域的IT系统演进状况也存在差异，例如MSS相关应用系统以Web类应用为主，对云计算、微服务等新技术的适配度相对较低。同一个业务系统的不同组件，改造的必要性和难度也存在差异，例如CRM（Customer Relationship Management，客户关系管理）系统的采集和渠道部分，采用云计算和微分段框架有利于业务快速迭代和扩展，而后端的数据处理部分对稳定性等性能要求高，改造的风险比较高。尽管存在上述差异，但从大的方向上看，运营商IT系统的演进方向是比较明确的，即IT系统将从过去的SOA逐渐向微服务化演进。

2.2 IT云网络需求分析

数据中心网络解决方案的发展和运营商数据中心及其业务的发展紧密关联，网络解决方案作为运营商数据中心的一个重要组成部分，从运营商数据中心诞生时起就一直在演进。第1章分析了运营商数据中心的发展历程以及IT系统业务的发展阶段，这些都是设计运营商数据中心网络解决方案的依据，针对不同场景、不同阶段的数据中心业务，需要提供相应的网络解决方案。具体到运营商数据中心的IT云场景，网络解决方案主要关注以下几个方面的需求。

第一，IT云基础设施整体架构。网络是运营商IT基础设施的一部分，IT基础设施的整体架构决定了网络解决方案的形态。例如，传统数据中心的网络解决方案和虚拟化资源池之间就存在很大差异。

第二，IT云数据中心布局。运营商的IT云业务通常会在多个数据中心部署，各个数据中心之间业务的备份和访问关系，以及业务在多个数据中心之间的负载均衡和可靠性的实现方式，都会直接影响网络解决方案的设计。

第三，IT云业务系统。数据中心网络的核心功能是为业务系统提供连接和数据转发服务，业务系统对网络的需求涉及网络可靠性、时延、带宽、QoS、安全等方面。

第四，IT云内部生态系统组成。运营商IT云的采购模式决定了IT云是多供应商的生态系统，涉及的软硬件供应商很多。网络解决方案作为IT云的重要组成部分，与周边系统的集成是设计解决方案的关键环节。

以上分析了运营商IT云网络解决方案几个主要方面的需求，结合当前业界主流运营商的IT云发展现状，可以将运营商IT云网络解决方案的关键技术需求总结如下。

1. 网络资源池化

IT系统集中部署和IT基础设施资源池化是业界运营商对IT云的共识，不同于传统孤立的网络分区，计算、存储资源池需要可弹性扩展的二层网络，网络资源池对接计算、存储设备的网关可以实现多活，资源可在任意位置接入。由于资源池实现了资源共享，因此，网络需要根据不同业务和用户的隔离方案，实现不同租户之间的网络配置互不影响。诸如TRILL（Transparent Interconnection of Lots of Links，多链路透明互联）、NVGRE（Network Virtualization using Generic Routing Encapsulation，基于通用路由封装的网络虚拟化）、VXLAN（Virtual eXtensible Local Area Network，虚拟扩展局域网）等技术都是为解决上述需求提出的，VXLAN技术最终的普遍使用，主要原因是VXLAN Overlay技术在满足网络大二层部署的同时，通过与Underlay网络配置解耦，较好地解决了多租户共享问题，且配置相对简单。

2. 引入SDN解决方案

网络资源虚拟化解决了网络边界扩展和多租户共享问题，但网络资源的服务化、自动化配置需要依赖SDN解决方案，依靠手工方式配置数据中心网络效率低，无法与计算虚拟化平台或者云计算平台形成联动，无法实现IT基础设施资源的端到端自动化配置。无论运营商IT云的基础设施架构是采用虚拟化还是云计算，SDN都是网络资源管理、网络规划、网络配置的必要工具。

3. 多数据中心网络解决方案

运营商IT云由于机房资源、业务分层、业务负载均衡和备份等原因，业务通常会分布在多个数据中心之间，不同数据中心之间的业务存在互相访问或者备份的需求。因此，IT云网络解决方案需要满足在多数据中心场景下网络互联和备份的需求。

4. 网络具备高可靠性

运营商提供的网络服务是数字经济的基础，而IT云是运营商业务运营的支撑系统，关键IT系统的故障影响面很大，因此IT云对可靠性的要求比其他行业更高。另外，不同于OTT行业普遍采用分布式架构的Web应用系统，运营商IT云的关键应用和数据库等仍采用传统架构，这些应用系统的运行对网络的可靠性要求更高，例如数据库的心跳、备份通道对网络安全和可靠性要求高，HA（High Availability，高可用性）模式部署的应用系统对故障场景下网络的倒换时间要求苛刻。

5. 零丢包、低时延的无损以太网

当前分布式存储和计算系统已经由全球主流运营商商用，随着RDMA

（Remote Direct Memory Access，远程直接存储器访问）技术和基于SSD（Solid State Disk，固态盘）的高性能存储系统的部署，数据中心网络需要为上述业务提供零丢包、低时延连接和转发。当前可选的网络技术有IB（InfiniBand，无限带宽）和RoCE（Remote Direct Memory Access over Converged Ethernet，基于聚合以太网的远程直接存储器访问）两种，由于IB解决方案封闭且较少提供，而RoCE技术的开放性和通用性较强，成本较低，可以满足多种业务融合承载的要求，因此RoCE技术已经成为运营商数据中心网络解决方案的重要部分。

6. 数据中心网络运维效率提高

采用虚拟化和云计算技术的数据中心网络与传统数据中心网络在运维方面存在较大差异，其特点主要体现为以下几方面。

（1）网络运维对象多样化

由于引入了网络虚拟化技术，网络运维对象不仅仅局限于物理设备，还包括基于物理网络设备实现的虚拟化网络设备以及软件态网络设备。

（2）网络运行状态感知动态化

传统数据中心网络采用手工配置，配置变更少，设备维护主要是基于SNMP（Simple Network Management Protocol，简单网络管理协议）技术架构，实现静态的网络资源收集、拓扑展现、告警和统计收集。云计算数据中心网络基于SDN实现云网联动，实现网络多租户共享和动态配置，因此数据中心网络运维需要动态、实时地感知网络资源分配，获取配置变化，实现网络信息的精确统计。

（3）故障定位和处理实时化

传统数据中心网络故障定位主要是以网络告警为线索，以手工检查和处理为主，故障发现、定位和处理流程长，各个环节割裂，效率低下。不同于传统数据中心按业务分区部署，故障影响面较小，云计算数据中心网络由于采用资源池化部署后实现了网络共享，网络故障影响面大。云数据中心网络采用基于SDN的云网联动方案，SDN的故障会影响云计算业务的部署。

传统的网络运维技术和工具无法满足上述云数据中心网络的运维要求，云数据中心需要引入新的网络运维技术和工具，以实现网络运行状态的精确、实时感知，从而满足故障快速定位和处理的要求。

从上述运营商IT云网络解决方案的需求分析可以看出，随着运营商IT云基础设施架构向云计算方向演进，数据中心网络解决方案也需要同步演进。在满足多中心、高可靠性等基础要求的前提下，云数据中心解决方案需要提供SDN、智能无损以太网、智能运维系统等关键要素，才能满足运营商IT云数据中心网络未来发展的需求。

2.3　IT 云数据中心网络架构设计

IT云数据中心网络架构设计主要包括网络整体架构设计、网络可靠性设计、网络与云的集成和业务下发三方面。

网络整体架构设计主要涉及网络和周边系统的集成方式，以及网络内部各部件之间的协同关系。网络可靠性设计主要关注网络整体的高可靠性，包括网络冗余及链路可靠性设计。完成网络整体架构设计和网络可靠性设计后，IT云数据中心网络还需要关注网络与各类云平台之间协同进行业务下发的问题。

2.3.1　网络整体架构设计

1. 网络整体架构设计的主要内容

网络整体架构设计的主要内容是：为实现预期的网络功能，设计网络解决方案与周边系统的集成方式，以及网络解决方案内部各个部件之间的协同关系。

当前，运营商IT云数据中心的IT基础设施架构通常分为两大类。第一类以计算、存储资源虚拟化为基础，同时包括小型机、数据库一体机、超融合/裸金属服务网、FC-SAN（Fiber Channel Storage Area Network，光纤通道存储区域网）等传统资源。第二类为多样化的云计算平台架构。公有云厂商在用户驻地部署的专有云（如微软的Azure PACK）、私有云/混合云厂商VMware等的云计算方案为端到端封闭架构，在这种封闭架构下，将SDN解决方案作为云计算解决方案的一部分来提供。而以OpenStack为基础的私有云方案基本为开放性架构，网络作为其中一个组件，是相对独立和开放的。

对于第一类架构，网络可以独立规划设计，配置可以与计算虚拟化平台联动，实现业务的快速发放。网络解决方案也可以通过SDN控制器开放北向

API，与第三方的IT业务管理平台（如ServiceNow）融入运营商IT系统的自动化流程中。同时，网络设备可以通过开放的接口，与第三方的配置管理平台（如Ansible）进行集成，提供集中配置能力。IT云数据中心网络整体架构如图2-2所示。

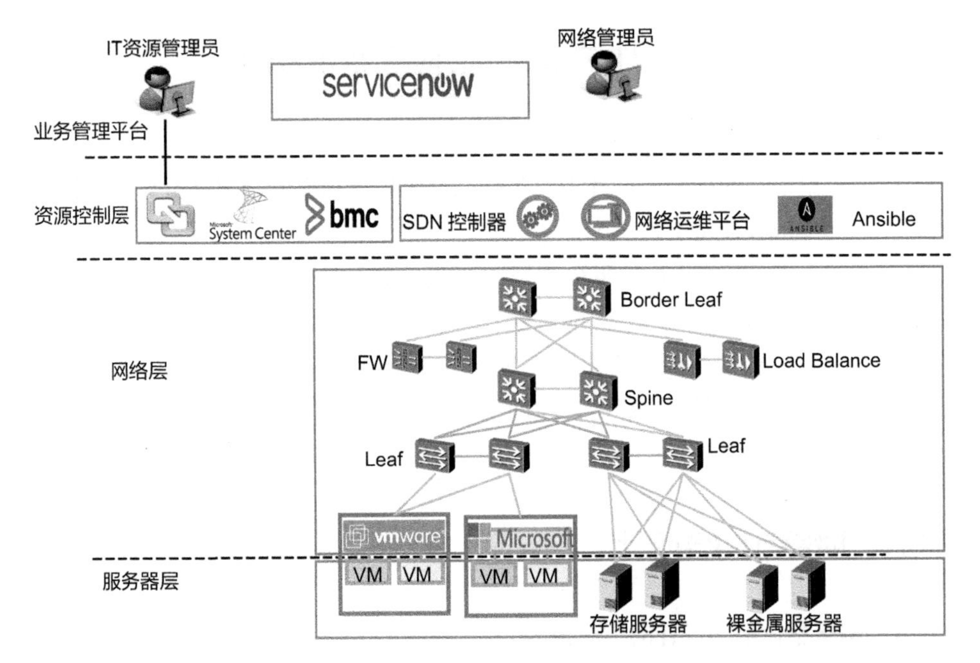

注：FW 即 Firewall，防火墙；
VM 即 Virtual Machine，虚拟机。

图 2-2　IT 云数据中心网络整体架构

在采用私有云架构的云计算解决方案中，网络是被集成的私有云方案，因此在此不讨论。当云计算方案采用OpenStack架构时，SDN作为相对独立的一部分，可以被集成到云计算整体方案中。SDN解决方案的主体包括数据中心网络设备和SDN控制器。SDN解决方案对外提供与OpenStack Neutron对接的插件，支持与开源或商业OpenStack云平台对接。解决方案整体架构为图2-3所示的四层逻辑架构，具体介绍如下。

业务呈现/协同层。在这一层，业务呈现功能主要面向数据中心用户，例如数据中心SDN向业务管理员、网络管理员、租户管理员提供运维管理界面，实现服务管理、业务自动化发放、资源和服务保障等。业务呈现/协同层主要包括OpenStack云平台中的Nova、Neutron、Cinder等组件，在这一层中，各种组件用来实现对应资源的控制与管理，实现数据中心内的计算、存储、网络资源的虚拟化与资源池化，通过不同组件间的交互实现各资源间的协同。

网络控制层。在这一层，SDN解决方案的核心组件SDN控制器用于完成网络建模和网络实例化，提供网络资源池化与自动化功能。

网络层。这是数据中心网络的基础设施，主要提供业务承载的高速通道。当前华为敏捷数据中心网络支持多种Fabric组网，其中应用最广泛的是采用VXLAN技术，为数据中心构建一个大二层逻辑网络，提供多租户共享的Overlay网络服务。该层中，通过SDN控制器对数据中心交换机、防火墙等设备进行管理。

服务器层。资源池中服务器层的服务器类型包括裸金属服务器、虚拟化服务器以及分布式存储、数据库一体机等各类计算、存储资源。

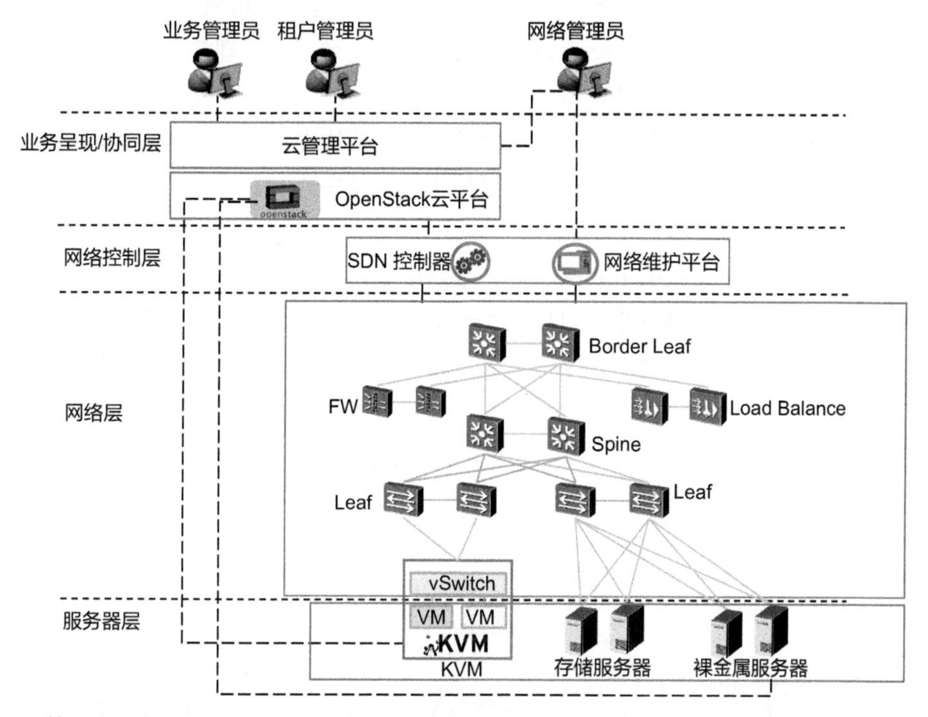

注：KVM 即 Kernel-based Virtual Machine，基于内核的虚拟机。

图 2-3　解决方案整体架构

2. Underlay网络设计

运营商IT云数据中心网络从物理架构上可以分为数据中心出口网络和数据中心内部网络。其中，数据中心出口网络主要用于实现数据中心与互联网、广域网、多DC连接、企业专线等的接入，而数据中心内部网络主要实现数据中心内部各类业务的接入。根据业务类型和网络安全隔离的需求，数据中心内部网络通常分为业务网络、管理网络、存储网络。下面进行具体介绍。

数据中心出口网络：实现外部网络的互联，保证数据中心内部网络高速访问互联网，并对数据中心内网和外网的路由信息进行转换和维护，包括连接互联网、广域网、DCI（Data Center Interconnect，数据中心互联），以及同城其他资源池、传统应用系统等外部网络。

业务网络：实现数据中心内部各种直接提供业务处理的计算资源的接入，包括裸金属服务器、虚拟化服务器、容器、一体机等，同时提供网络安全、负载均衡等增值网络服务。

管理网络：主要用于部署网管系统、资源管理系统（如OpenStack、VMware vCenter等）、SDN控制器等。管理网络通过管理接入交换机、服务器的IPMI（Intelligent Platform Management Interface，智能型平台管理接口）和网络设备的带外管理接口，实现硬件设备的带外管理和监控。

存储网络：用于接入IP化的存储服务器，包括块存储、分布式文件存储、对象存储服务器。同时，存储网络也可以用于接入集中式存储设备，为存储业务提供前端、后端、管理等业务承载。

设计运营商IT云数据中心网络时，数据中心内部网络的三个主要分区（业务网络、管理网络、存储网络）可以是物理隔离的三个独立物理网络，也可以是三种业务融合承载的单个物理网络。物理网络架构如图2-4所示。

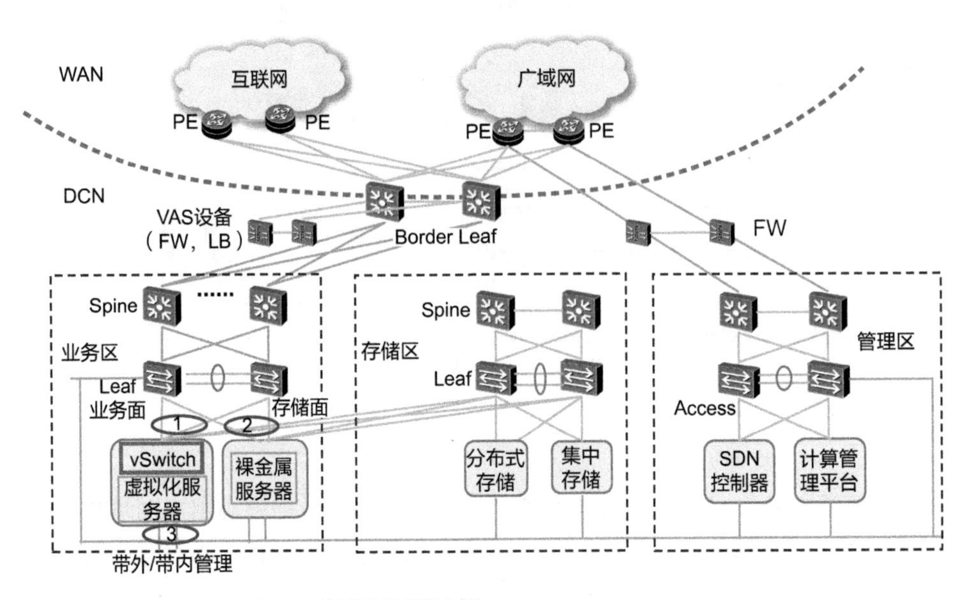

注：PE 即 Provider Edge，运营商边缘路由器；
LB 即 Load Balancer，负载均衡器。

图 2-4　运营商 IT 云数据中心的物理网络架构（不同网络物理独立）

在网络规模较小且对安全隔离不要求物理隔离时，数据中心网络内的业务网络、管理网络、存储网络可以融合为单个网络平面，不同业务通过逻辑方式隔离，共享同一个物理网络平面，如图2-5所示。

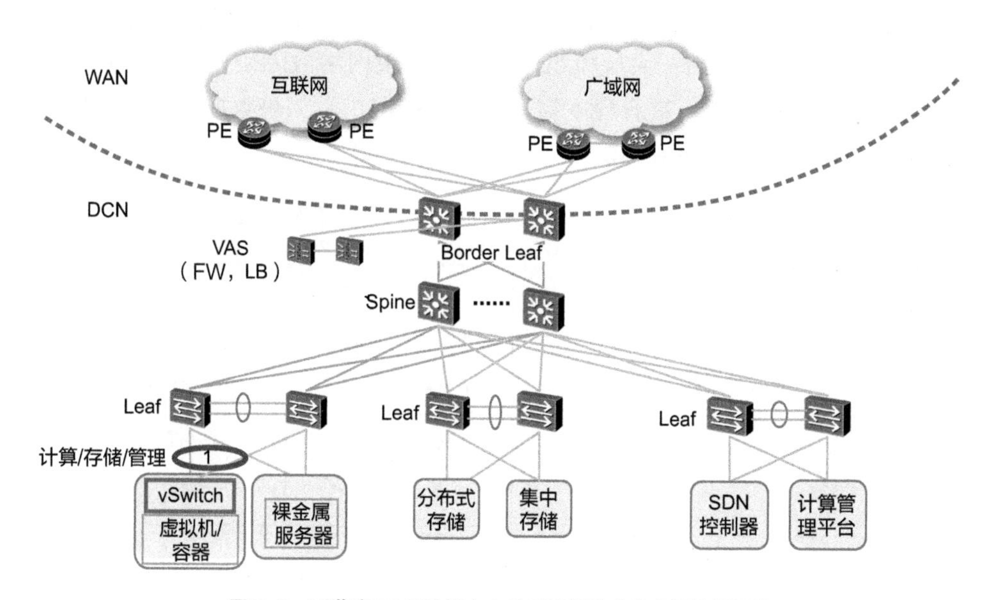

图 2-5　运营商 IT 云数据中心的网络架构（单个网络平面）

IT云数据中心的Underlay网络路由是数据中心内部各个网络节点之间进行VXLAN转发的路径选择依据，也是业务数据中心和外部网络以及其他数据中心之间互通的基础，Underlay路由协议用于传递设备的链路路由和VXLAN VTEP（Virtual Tunnel End Point，虚拟隧道端点）地址路由，因此Underlay路由的设计是Overlay业务网络设计的基础。数据中心网络的Underlay路由协议有多重选择，常用的路由协议，有OSPF（Open Shortest Path First，开放最短路径优先）、IS-IS（Intermediate System to Intermediate System，中间系统到中间系统）、BGP（Border Gateway Protocol，边界网关协议）等。选择哪种Underlay路由协议，主要考虑因素包括配置和维护的便利性、网络收敛性能、网络可扩展能力等。OSPF和BGP是Underlay网络路由中使用最广泛的协议。OSPF和BGP各有特点，适合不同场景下的Underlay网络路由协议部署。图2-6给出了Underlay网络路由协议的对比。

数据中心Underlay网络部署OSPF，需要考虑Fabric内部和跨Fabric、跨DC场景。通常的部署方式是Fabric内Spine/Leaf节点的物理交换机部署OSPF，Fabric间部署OSPF Area 0，打通Underlay路由。OSPF路由协议的主要优点包括：配置和维护简单，在网络规模较小（网络节点数量少于150个）的情况下，故障收敛时间更快，与Overlay的BGP EVPN（Ethernet Virtual Private Network，以太网虚拟专用网）协议报文不同队列，设备在运行路由协议时可以实现更好的资源隔离。但OSPF作为Underlay网络路由协议，也有不足之处，主要包括：大规模组网时无法实现网络故障快速收敛，同一个OSPF路由域内网络节点耦合程度高，故障域范围广。如果数据中心网络规模较小，建议选择OSPF路由协议。

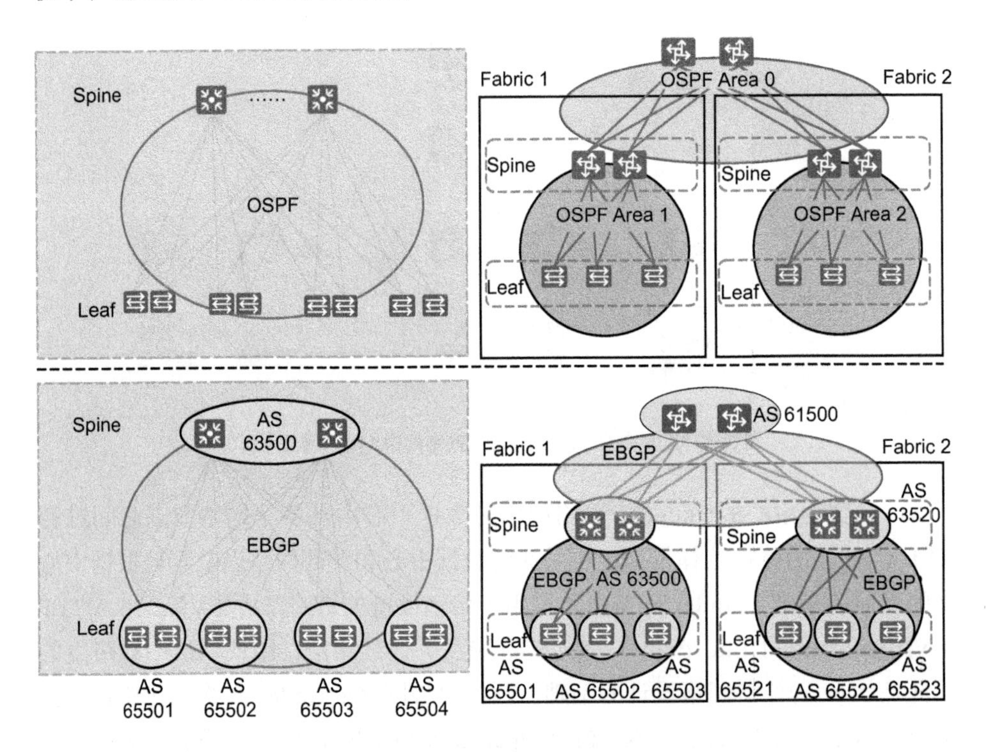

图 2-6 Underlay 网络路由协议的对比

如果数据中心网络规模较大，OSPF路由协议无法满足要求时，Underlay网络部署可以采用EBGP（External Border Gateway Protocol，外部边界网关协议），部署的要点包括：每个Spine节点一个AS（Autonomous System，自治系统），每个Leaf节点一个AS。Fabric内Leaf节点和Spine节点之间部署EBGP邻居，采用IPv4地址族。Fabric间通过在Border Leaf之间部署EBGP，打通Underlay路由传递通道。采用EBGP可以实现每个分区路由域独立，故障域可控。同时，路由控制是最为灵活的一种方式，网络可以灵活扩展规模。数据中心网络部署EBGP路由协议的主要问题是需要做烦琐的EBGP AS和地址规划，设备配置复杂。

按照工程实践经验，当网络节点数量少于150个时，建议采用OSPF路由协议，在这种规模下，网络收敛性能有保障。而当网络节点数量大于等于150个时，建议采用EBGP，可以保证网络的扩展性和稳定性。

3. Overlay网络设计

云计算资源池中，网络和计算、存储一样都是虚拟化、服务化和自动化部署的，用户业务模型一般可以抽象成图2-7所示的模型。

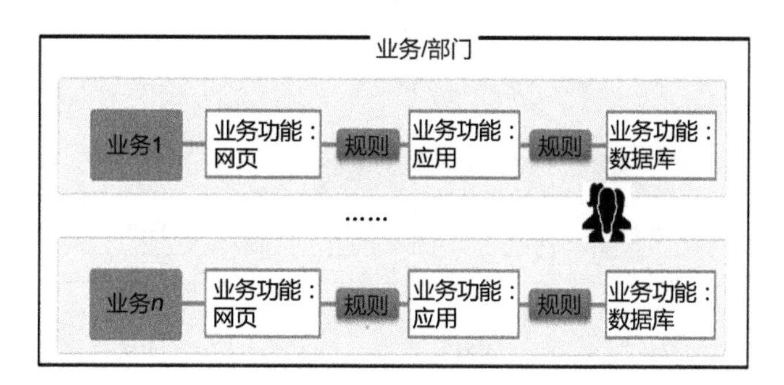

图 2-7　用户业务模型

对应到逻辑网络模型，如图2-8所示。

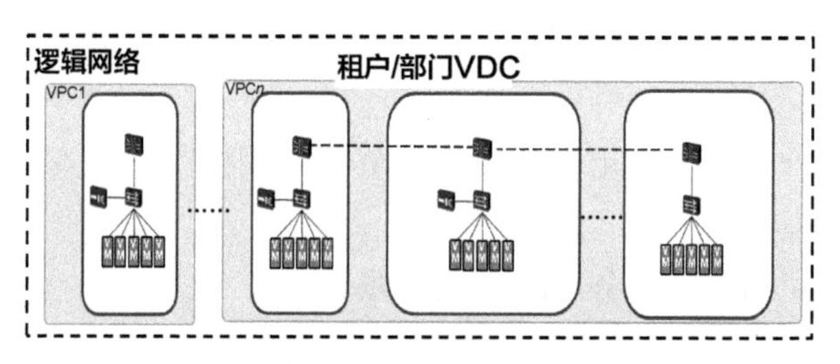

图 2-8　逻辑网络模型

逻辑网络以VPC（Virtual Private Cloud，虚拟私有云）方式提供，VPC提供安全的网络边界防护、多个网络平面、不受限制的完整IP地址空间，并基于VPC提供一系列增强特性，比如弹性IP、安全组、防火墙ACL（Access Control List，访问控制列表）及VPN等。

对用户而言，VPC的设计主要起以下两个作用。

- 隔离环境：VPC提供隔离的虚拟机和网络环境，满足不同部门/业务的网络隔离要求。

- 丰富业务：每个VPC可以提供独立的vFW（virtual Firewall，虚拟防火墙）、弹性IP、安全组、SuperVLAN、IPSec（Internet Protocol Security，IP安全协议）VPN、NAT（Network Address Translation，网络地址转换）网关等业务。

如图2-9所示，VPC逻辑上由一个vFW、一个vRouter（virtual Router，虚拟路由器）、若干个Network、若干个Subnet和相应的VM构成。

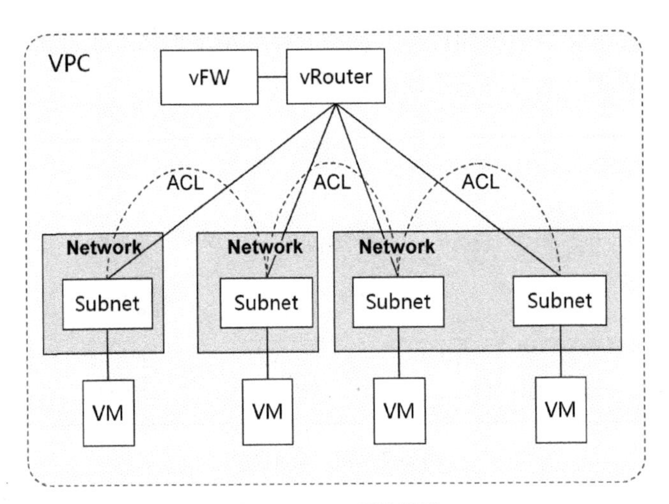

图 2-9　IT 云网络模型

vRouter对应VPC的三层网关，同一VPC不同的Subnet的三层网关在同一个vRouter中。

vFW作为VPC的边界，用于外部网络访问VPC内资源的安全访问控制，可以提高VPC的防护能力。

VPC中提供的vFW的业务特性如表2-1所示。

表 2-1　vFW 的业务特性

业务特性	特性描述
FW	基于五元组安全策略，保护 vFW 的 untrust 域（非信任区域）到 trust 域（信任区域）之间的业务数据流
ASPF（Application Specific Packet Filter，针对应用层的包过滤）	提供基于 vFW 安全域之间的应用安全防护（控制与数据分离，例如 FTP 中，控制端口号是 21，数据端口号是 20）
EIP（Elastic IP，弹性 IP）	可以让外网访问内网，部署对外业务，也可从内网主动访问外网，用户设置公网地址与私网地址的映射关系，即可在防火墙上配置一对一 NAT

续表

业务特性	特性描述
DNAT（Destination Network Address Translation，目的网络地址转换）	共用公网 IP，提供端口级的外网访问，只能从外网主动访问内网，用户设置公网地址与私网地址的映射关系，即可在防火墙上配置一对多 NAT
SNAT（Source Network Address Translation，源网络地址转换）	共用公网 IP，提供端口级的外网访问，只能从内网主动访问外网，用户设置公网地址与私网地址的映射关系，即可在防火墙上配置多对一 NAT
IPSec	建立企业 DC 和 VPC 之间的安全访问通道，实现传输加密。用户设置相应的 IPSec VPN 参数，同时在企业侧配置 IPSec VPN 参数，建立 IPSec VPN

IT云资源池网络采用VPC方式实现各个业务的逻辑网络划分与隔离，VPC网络服务可以分解为以下子项目。

- 路由器：连接多个子网以及互联网，以及对应物理的VRF（Virtual Routing and Forwarding，虚拟路由转发）或者虚拟路由器。
- 子网：对应一个二层广播域VLAN（Virtual Local Area Network，虚拟局域网）或VXLAN，由一组IPv4或者IPv6地址组成地址池，包含DHCP（Dynamic Host Configuration Protocol，动态主机配置协议）、主机路由、DNS（Domain Name Service，域名服务）、配置状态等信息。
- 端口：虚拟机或主机与SDN的连接点，用户不感知，由业务模型自动绑定。
- 虚拟机/主机：由用户创建的计算单元。
- 安全组策略：虚拟机或者主机级别的安全访问策略。
- LB服务：提供负载均衡服务，包括负载均衡算法、健康检查等内容。
- FW服务：提供防火墙服务，包括网段级别的防火墙策略；业务系统之间需要互通时，能够通过内层防火墙的安全策略过滤后实现通信。
- 弹性IP：虚拟机绑定的公网IP地址，可以实现1：1 NAT。
- SNAT：提供数据中心内主机主动访问外部网络时的地址转换服务，实现N：1 NAT。其中，IP承载网存在3个子域，每个子域对应不同的IP承载网地址段。

IT云资源池逻辑网络如图2-10所示。

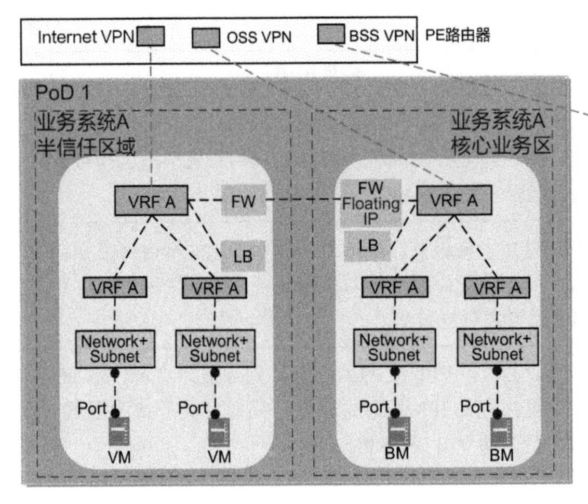

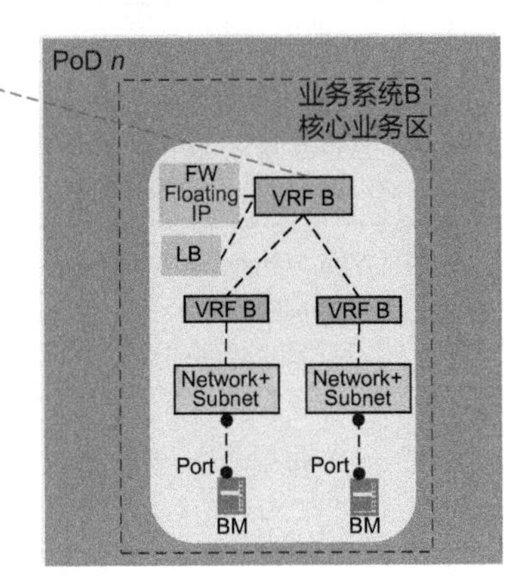

注：BM 即 Bare Metal，裸金属服务器。

图 2-10 IT 云资源池逻辑网络

图2-10中，VPC的划分原则是每个业务的每个安全域为一个VPC。例如，业务系统A同时具有半信任区域和核心业务区两部分，则分为两个VPC。每个VPC包括二层/三层网络服务，即VRF、Network、Subnet与对应的接入端口（Port）上叠加的security group、QoS等。另外，各个VPC还可以选择L4～L7网络服务，即防火墙和负载均衡服务。

每个VPC具有一个外部网络出口，其中半信任区域的VPC外部网络直接接入外网防火墙，Floating IP（即NAT服务）在外网防火墙上配置，核心业务区VPC的Floating IP通过内网防火墙提供，分别接入BSS/OSS/MSS三个外部网络，实现不同类型业务的隔离。

Subnet为VPC的子网，一个VPC内可以有多个Subnet。不同的Subnet用于二层广播隔离；同一个Subnet内的虚拟机默认互通；不同Subnet之间默认互通，可以设置ACL进行隔离。Network被定义为一个二层网络，包含一个Subnet，也可包含多个Subnet（Share模式）。

运营商IT云数据中心网络当前普遍采用SDN解决方案，以VPC方式实现各个业务网络之间的隔离和互通。VPC网络的构建基础是Overlay网络技术，目前，业界普遍采用VXLAN技术实现数据中心网络的虚拟化、服务化。基于VXLAN技术的Overlay网络设计的重点包括Overlay控制面和转发面两部分，前者主要是数据中心内VXLAN表项的学习与传播方式，后者主要是逻辑网络的各个转发单元之间的互联与隔离，以及业务流量转发的实现。

Overlay网络的控制面主要是实现VXLAN VTEP节点之间与计算节点的接口

有关的转发表项的生成、转发，并配合控制器完成自动化配置。当前数据中心网络主要是基于交换机上成熟、标准化的BGP EVPN协议实现Overlay控制面，VM/BM接入时，可以实现接入交换机上的表项快速生成和传播。具体实现方式如图2-11所示。

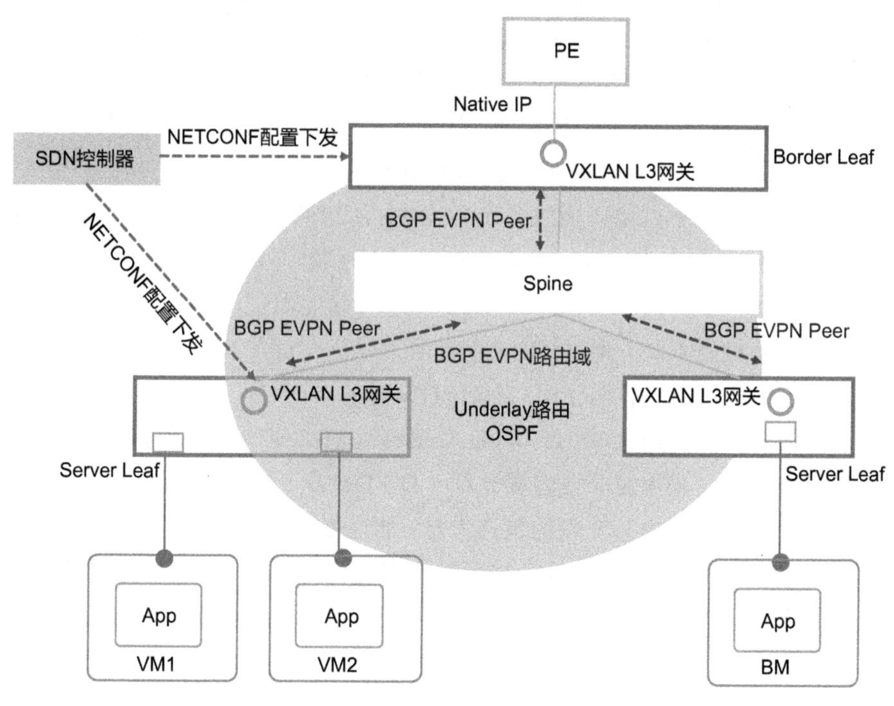

注：NETCONF 即 Network Configuration Protocol，网络配置协议。

图 2-11　IT 云 Overlay 网络实现示意

如图2-11所示，数据中心网络中的Server Leaf、Border Leaf在一个BGP EVPN域内，BGP EVPN作为VXLAN的控制面协议，实现交换机之间的路由交换，Server Leaf和Border Leaf根据BGP EVPN路由自动创建VXLAN隧道进行连接，并由SDN控制器按照业务需求创建L2/L3实例。Server Leaf和Border Leaf上的L2/L3实例根据BGP EVPN携带的路由标签实现路由筛选和过滤，由此实现交换机之间端到端的L2/L3 VXLAN转发。

4. 多DC网络设计

随着业务的发展，越来越多的应用部署在数据中心。单个数据中心的规模有限，不可能无限扩容，业务规模的不断增长使得单个数据中心的资源很难满足业务增长的需求，需要多个数据中心来部署业务；同时，数据安全、业务的可靠性和连续性也越来越受到重视，备份和容灾逐渐成为普遍需求，需要通过建设多个数据中心来解决容灾备份问题，“两地三中心”是这一阶段的代表方案。

伴随着互联网+、云计算、大数据的发展，虚拟化和资源池化成为主流需求，需要整合跨地域、跨DC的资源，形成统一资源池。同时，业务系统多DC分布式部署，形成多活，就近提供服务，提高用户体验，分布式多数据中心成为当前的主流方案。多个数据中心之间并不是孤立的，不同的层面有不同的互通需求，多个数据中心之间互联要解决的问题包括：数据同步和数据备份，需要存储互联；跨数据中心部署HA集群内部的心跳机制，或者虚拟机迁移，需要大二层互通；业务间的互访，需要跨数据中心三层互通。

多数据中心架构下，可以通过各个数据中心的Fabric GW（Gateway，网关）构建多DC间互联来实现数据中心的物理网络互联。可以采用以下几种链路方式。

- Option 1：设备互联，通过核心交换机互联。
- Option 2：光纤直连，两个DC Fabric GW直连。
- Option 3：异地，通过WAN（Wide Area Network，广域网）互联。

如图2-12所示，采用波分或者裸光纤（DWDM或者Dark Fiber）进行多数据中心网络互联是数据中心互联的首选方案。此方案的优点是采用独享式通道（仅用于数据中心之间的流量交互），可充分满足数据中心之间流量交互的大带宽和低时延需求，而且可以承载多种协议的数据传输，提供灵活的SAN/IP业务接入，不论是IP SAN还是FC SAN，该互联方案都可以承载，既支持二层网络互联，也支持三层网络互联，可满足多业务传输的需要；不足之处就是需要新建或租用光纤资源，增加数据中心的投入成本。

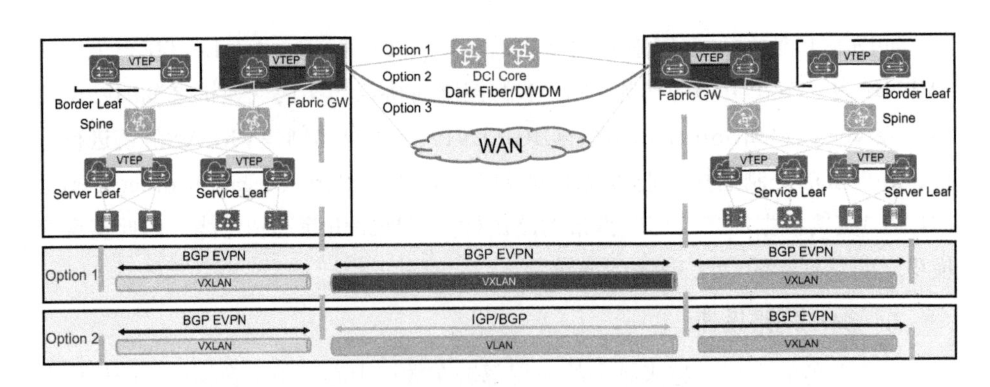

注：IGP即Interior Gateway Protocol，内部网关协议；
DWDM即Dense Wavelength Division Multiplexing，密集波分复用。

图2-12 IT云多数据中心网络互联方案

在逻辑网络层面，数据中心之间的逻辑网络互通主要有两种常用方案：第一种是采用三段式VXLAN方案，实现不同数据中心之间的Overlay网络对接；第二种是VLAN hand-off方案，数据中心内部采用VXLAN技术，数据中心之间采用VLAN对接。

如果采用三段式VXLAN方案，多个数据中心之间的控制面协议采用EBGP EVPN，通过在Fabric GW上配置BGP EVPN，实现跨数据中心的路由传播。转发面采用VXLAN技术，通过BGP EVPN路由自动创建VXLAN隧道，先将从一侧数据中心收到的VXLAN报文解封装，重新封装后发送到另一侧数据中心，实现对跨数据中心的报文端到端的VXLAN报文承载。三段式VXLAN方案可以支持跨数据中心L2互通和L3互通。采用L2互通时，不同的二层通过不同的VNI（VXLAN Network Identifier，VXLAN网络标识符）进行区分。采用L3互通时，不同VPC通过VNI进行隔离，保证跨数据中心VM之间的通信和隔离。

如果采用VLAN hand-off方案实现数据中心互联，Fabric GW作为Fabric内的VXLAN端点，Fabric GW与DCI-GW之间通过普通VLAN对接，Fabric GW与DCI-GW上分别配置VLAN接入VXLAN功能。跨数据中心的报文在Fabric GW解VXLAN封装，变成普通以太报文，DCI-GW收到报文后再对其进行新的VXLAN封装，新的报文进入DCI的VXLAN隧道，被发送到对端数据中心。所以，DCI互联物理网络仅需打通Fabric GW之间的Underlay路由，VLAN hand-off方案就可以支持跨数据中心L2互通和L3互通了。

在多数据中心架构下，不同数据中心的网络资源通过虚拟化技术形成资源池，实现业务与物理网络解耦，通过SDN技术实现业务网络的按需自助与自动化部署，支持多租户、弹性扩缩、快速部署。实际部署多数据中心解决方案时，除了需要应对网络方面的挑战，多数据中心架构还需要考虑业务跨数据中心部署、不同业务系统之间的跨数据中心互通自动化部署、跨数据中心的业务容灾和多活等问题。

2.3.2　网络可靠性设计

1. 网络可用性

（1）可用性理论模型

业界常用的表示系统可用性的公式为：Availability = MTBF /（MTBF + MTTR）× 100%。

MTBF（Mean Time Between Failure，平均无故障运行时间）通常以小时为单位。在一个系统中，MTBF值越大，可靠性就越高。

MTTR（Mean Time To Recovery，平均恢复时间）指一个系统从故障发生到恢复之间的平均时间。广义的MTTR还涉及备件管理、客户服务等，是设备维护的一项重要指标。MTTR的计算公式为：MTTR=故障检测时间+硬件更换时间+系统初始化时间+链路恢复时间+路由收敛时间+转发恢复时间。在一个系统中，MTTR值越小，可靠性就越高。

目前，网络可用性建模最常用的方法是RBD（Reliability Block Diagram，可靠性框图）法，它基于网络的物理拓扑，用框图的形式将网络各个组成单元故障之间的逻辑关系表示出来。在各个单元可用性参数已知的情况下，按照不同的逻辑关系，确定计算网络可用性概率的表达式，即可用性数学模型，由此计算出网络可用性。图2-13给出了并联网络的可用性示意。如果每个子系统的可用性都为$R_n(t)$，则并联系统的总可用性为：

$$R(t)=1-\{[1-R_1(t)]\times[1-R_2(t)]\times\cdots\times[1-R_n(t)]\}$$

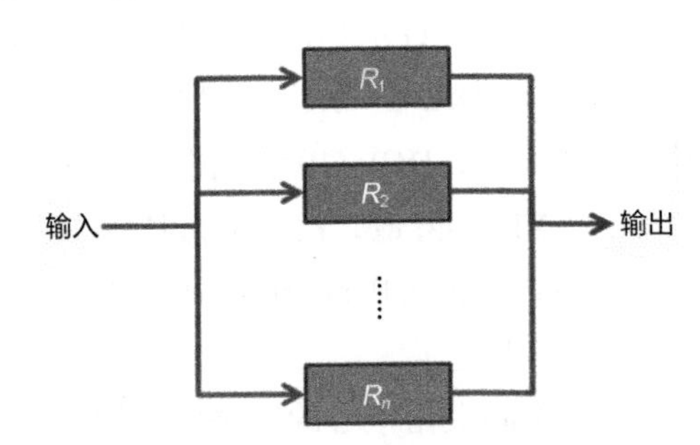

图 2-13　网络的可用性示意（并联）

若为串联系统，则总可用性为：

$$R(t)=R_1(t)\times R_2(t)\times\cdots\times R_n(t)$$

其中，$R(t)$表示系统的总可用性，$R_n(t)$表示各个子系统的可用性。

（2）可用性设计思路

根据上文介绍的可用性理论模型，在网络设计过程中充分利用冗余并联机制，可大幅提高网络系统的可用性。数据中心网络系统冗余包括设备级冗余、链路级冗余和系统级冗余。除了冗余机制外，合理运用多样的网络可靠性协议，在部分设备出现问题时，也可以保证网络持续提供服务的能力。提高可用性设计的另一个方法是尽可能减少故障恢复的时间，如部署故障快速检测协议，及时检测，以便于故障自动恢复或者人工介入恢复。

最后，充分合理的备件储备，熟练的运维人员、软件系统，完善的应急制度，都可以提高网络可用性。

2. 控制器的可靠性

SDN数据中心相对于传统数据中心，引入了云平台及控制器组件，Fabric网络中，交换机、防火墙、负载均衡等设备与传统数据中心的设备差异较小。

控制器是SDN的大脑，其北向接口提供与云平台的对接，实现计算、网络资源的统一发放；南向接口对接Fabric网络设备，使用VXLAN等Overlay网络技术实现网络资源池化，扩展二层域规格，按需动态、自动地部署业务网络，因此控制器的可靠性在SDN中有举足轻重的作用。

控制器的可靠性设计主要体现在以下几个方面：

- 集群节点弹性扩缩设计；
- 南北向负载均衡设计；
- 分布式数据库设计。

（1）集群节点弹性扩缩

华为iMaster NCE-Fabric集群支持弹性扩容与无损收缩，扩容与收缩时对现网业务无影响，根据成员的添加、退出自动调整负载分担。集群节点弹性扩缩如图2-14所示。

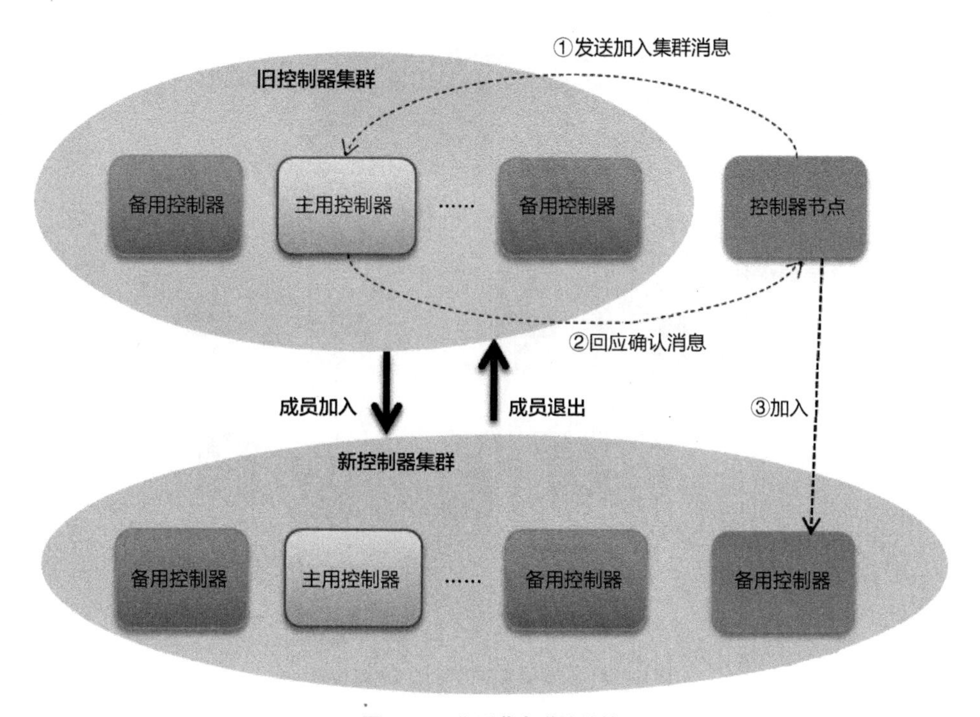

图 2-14　集群节点弹性扩缩

弹性扩容设计的流程如下，如图2-14中的①②③所示。

步骤① 新控制器节点填写集群主用控制器节点的IP等信息，并向现有集群主用控制器节点发送加入集群消息。

步骤② 主用控制器节点向待加入的控制器节点回应确认消息。

步骤③ 新控制器节点加入集群，主用控制器节点将后续新的连接请求负载分担到新控制器节点。

无损收缩设计的流程如下。

步骤① 待退出的控制器节点执行退出操作。

步骤② 该控制器节点退出集群。

步骤③ 主用控制器节点进行集群故障迁移，将退出的控制器节点承载的控制任务转移到其他控制器节点。

（2）南北向负载均衡

集群技术使系统在故障发生时仍可以继续工作，将系统停运时间减到最少。集群系统在提高系统可靠性的同时，也大大减少了故障损失。华为iMaster NCE-Fabric的1：*N*集群部署具备南北向负载均衡特性，可以提供高可靠性服务。该控制器集群的南北向负载均衡如图2-15所示。

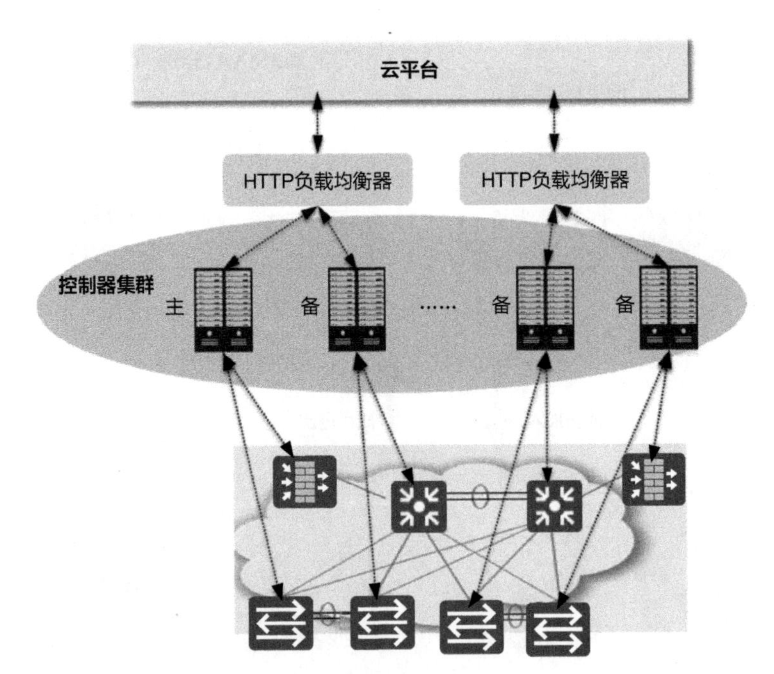

图 2-15 控制器集群的南北向负载均衡

北向负载均衡的设计内容如下。控制器集群和云平台之间部署双机HTTP

（Hypertext Transfer Protocol，超文本传送协议）负载均衡器集群。HTTP负载均衡器集群在Active-Active（主备双活）模式下运行，以提高自身可靠性，负责将云平台的请求报文负载分担到所有控制器成员，同时还负责动态监控控制器集群的健康状态，不向高负载控制服务器分发新会话。当有集群节点发生故障下线时，HTTP负载均衡器自动调整后续负载分配，如果有新增集群节点上线，则在线更新控制器列表，自动调整后续负载分配。

南向负载均衡的设计内容如下。将受控网络设备动态分配给当前轻载的控制器节点，减小平均负载，提升集群的可靠性，步骤是：控制器UI（User Interface，用户接口）或第三方应用添加新的网络设备；收到添加新设备消息的控制器节点，调用控制器集群主用控制器节点的设备管理服务；主用控制器节点根据集群各个节点的当前负载情况，动态分配一个控制器节点给该网络设备，被分配到的控制器节点通过NETCONF接口通知和修改新添加的网络设备控制器节点IP，网络设备按照控制器节点IP完成向控制器服务点的注册。南向负载分担可基于控制器成员的负载情况，为网络设备动态分配控制器成员，均衡每一个控制器节点的负载，避免出现因局部重载而导致部分控制器节点失效的情况。

3. 网络可靠性

进行网络架构设计时要考虑对可靠性的保障。网络可靠性通常包含节点设备冗余与链路可靠性设计。

- 节点设备冗余：数据中心网络的各个层次一般均采用冗余设计，其中物理分区内接入层、汇聚层均采用两台设备冗余部署。
- 链路可靠性：对于数据中心网络，运行动态路由协议时，任意链路故障都有可能导致整网的震荡，因此设备间互联链路的可靠性尤为重要。在方案设计中，交换机与交换机互联采用将多个物理端口捆绑为一个逻辑端口Eth-Trunk的方式，在增加链路带宽的同时，任意一个端口的震荡均不会影响整网路由的震荡。同时，在单物理端口互联链路中，为了保证链路故障的快速收敛，设备通过端口自适应特性，自动感知链路故障。

（1）Border Leaf高可靠性方案

Border Leaf是数据中心网络中的关键节点，它是数据中心业务网络与外部网络的连接点，也是防火墙等L4～L7设备常用的接入点。VXLAN隧道在Border Leaf和Server Leaf之间建立，因为Border Leaf采用双活方式部署，因此需要解决两台Border Leaf设备之间VXLAN VTEP IP一致性的问题，才能实现VXLAN隧道连接的高可用性。当前，华为SDN方案中，Border Leaf采用双活方案，来保证双机的高可靠性，对防火墙、负载均衡器等设备采用M-LAG（Multi-Chassis Link

Aggregation Group，跨设备链路聚合组）方式接入，保证设备以L2方式接入时的高可靠性。该高可靠性方案如图2-16所示。

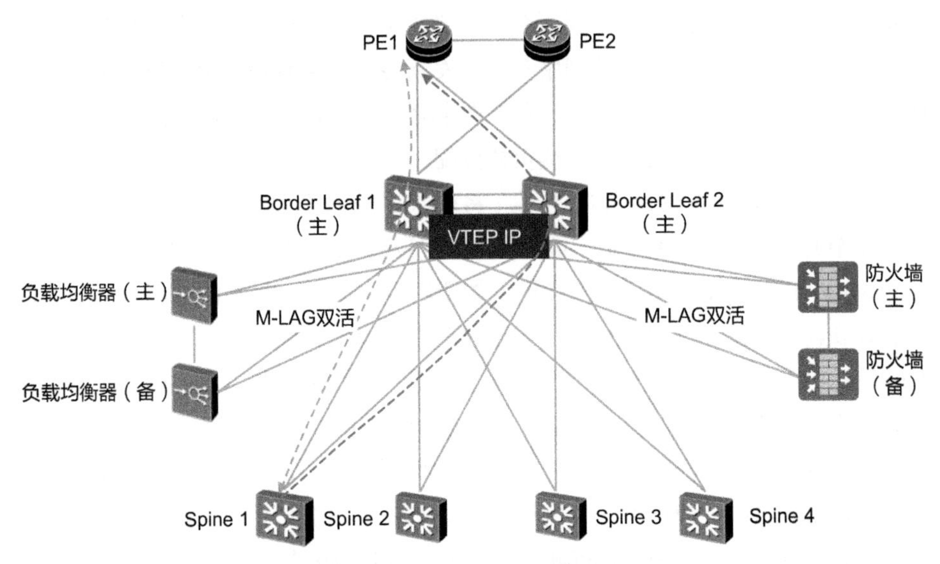

图 2-16　Border Leaf 高可靠性方案

如图2-16所示，SDN网关的两台设备通过专用的互联接口实现与peer-link口的对接，实现双活，并提供统一的VTEP IP地址，保证两台网关设备同时工作，业务负载分担，当其中一台SDN网关交换机发生故障时，业务可以全部由另一台SDN网关交换机承载，实现业务快速倒换。

（2）防火墙与负载均衡器高可靠性方案

防火墙和负载均衡器在当前的华为SDN方案中都采用成对的方式部署，一对设备中，两台设备分别工作在主备模式，主备设备之间通过心跳线互联，实现连接会话和配置同步，正常工作状态下，只有主用设备执行流量转发。当主用设备发生故障时，启用备用设备，由于实现了连接会话同步，业务不需要重新连接创建会话，只有少量流量丢包。防火墙与负载均衡器组网如图2-17所示。

（3）Server Leaf采用M-LAG高可靠性方案

在IT云数据中心网络中，服务器采用4个10GE或者4个25GE链路上联到一对接入交换机，服务器的网卡可以组成两组或者一组Bond接口，如果4个网口的流量类型一致，则建议4个网口组成一个Bond，而如果4个网口的流量需要区分为计算流量和存储流量，则建议组成两组Bond，不同Bond承载不同的流量。服务器侧网口Bond可以采用Bond 1或者Bond 4，接入的交换机需要为服务器提供高可靠性。

Server Leaf采用M-LAG方案，满足服务器网卡或者交换机单机发生故障时业务快速倒换的需求。同时，一对Server Leaf设备中的一台设备升级或者更换时，另一台能够正常工作，控制业务中断时间小于1 s。组网方案如图2-18所示。

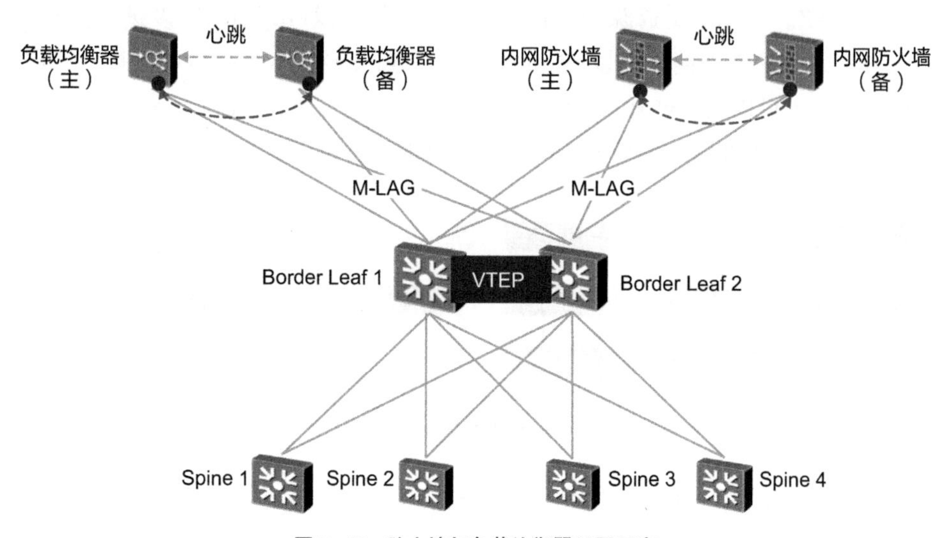

图 2-17　防火墙与负载均衡器组网示意

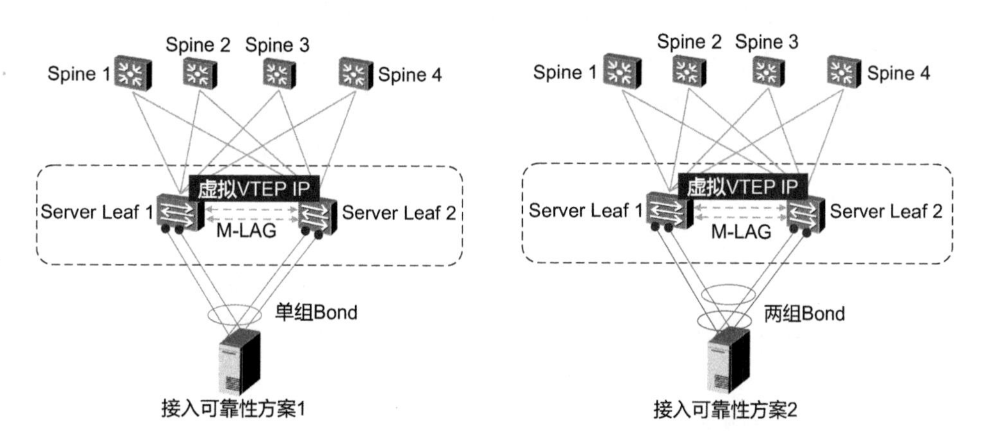

图 2-18　Server Leaf 接入组网

2.3.3　网络与云的集成和业务下发流程

1. SDN解决方案与OpenStack云平台集成

在基于OpenStack的云计算资源池中，网络是云计算资源池服务的一部分，网络服务与云计算资源池的租户、资源的映射模型可参见图2-19。图中给出了

OpenStack通用模型，DC和PoD（Point of Delivery，分发点）是物理的资源概念，一个DC可以包含多个PoD，而AZ（Availability Zone，可用区域）是虚拟的资源概念，一个虚拟资源池可以包含多个PoD，而一个PoD也可以按照规划，划分为多个AZ。Project是资源分配和管理单元，租户以Project为粒度进行资源租用。在Project中，网络服务以vRouter为核心进行组织，vRouter可以接入二层/三层网络，也可以接入vLB（virtual Load Balancer，虚拟负载均衡器）、vFW等L4～L7服务，以vRouter为核心的网络服务通常命名为VPC。

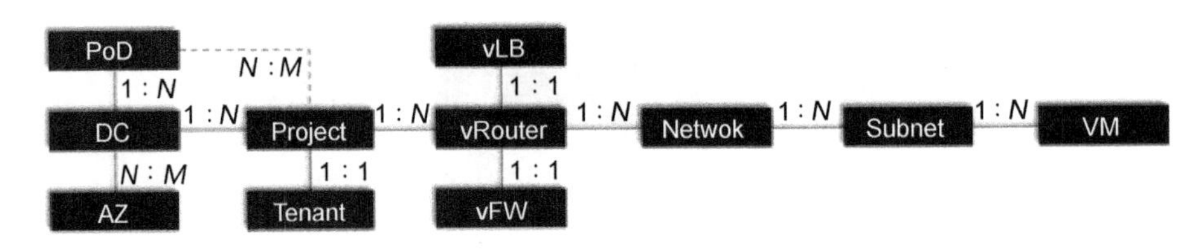

图 2-19 OpenStack 网络模型

针对单个租户的VPC网络服务是由OpenStack云平台的Neutron模块进行编排并分配相关资源和参数的，如网关、IP、MAC（Media Access Control，媒体接入控制）地址等，但真正将上述网络参数配置到数据中心网络的是SDN控制器，SDN控制器北向对接Neutron模块，获取网络配置参数，同时通过感知VM/BM上线消息，将该租户VPC对应的配置下发到相关的网络设备上。

图2-20示出了典型的裸金属服务器上线流程。以租户在云管理平台上创建裸金属服务器为例，整个流程可以简要概括为8个步骤（图中①～⑧）。

步骤① SDN控制器感知网络拓扑，实现设备纳管，包括通过LLDP（Link Layer Discovery Protocol，链路层发现协议）感知具体的服务器与vSwitch（virtual Switch，虚拟交换机）、交换机端口的绑定关系，完成系统的初始化配置。

步骤② 裸金属服务器Ironic（裸金属服务器管理组件）模块自行向Nova注册，或由租户自主创建裸金属服务器，参见步骤③。

步骤③ 租户自主创建裸金属服务器，触发裸金属服务器创建流程，包括Nova、Ironic和Neutron等组件的配合。

步骤④ 创建裸金属服务器时，Nova向Neutron模块请求该VM的网络服务，由此触发VPC网络相关资源分配请求，包括vRouter、Network/Subnet、IP/MAC端口等；Neutron响应Nova请求分配资源后，分配的信息传送到SDN控制器，SDN控制器根据该信息形成VPC网络在控制器内的数据以及生成对应的网络配置。

步骤⑤ Nova将裸金属服务器调度到某个特定host，并创建上线。

步骤⑥ 裸金属服务器上线后，Nova模块通知Neutron模块裸金属服务器上线信息，并由Neutron通知SDN控制器。

步骤⑦ SDN控制器根据Neutron更新的信息，查找该裸金属服务器对应的VPC网络，将相应的配置或者流表推送到对应的接入交换机上。

步骤⑧ SDN控制器同时配置SDN网关、防火墙、负载均衡器等设备，形成完整的VPC服务。

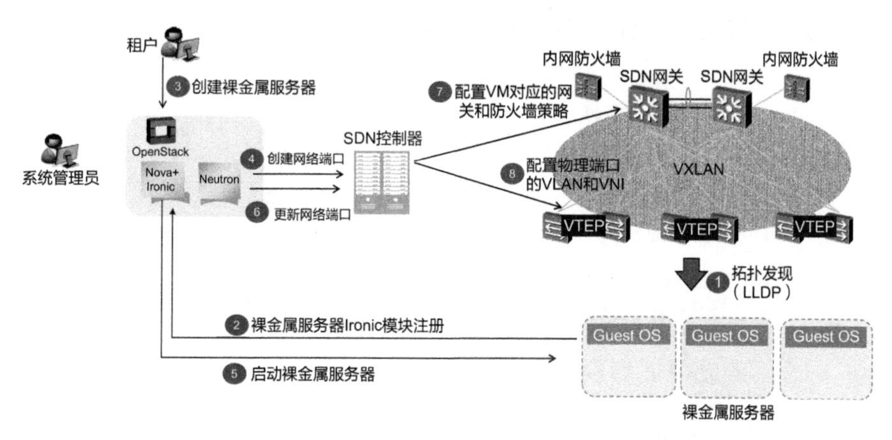

图 2-20 裸金属服务器上线流程

2. SDN解决方案与VMware vCenter集成

在运营商数据中心基础设施从传统架构向云计算架构演进的过程中，计算和存储资源的虚拟化是一个关键步骤，以VMware vShpere为代表的虚拟化平台目前在运营商数据中心中仍然广泛部署，VMware的VMM（Virtual Machine Manager，虚拟机管理）平台vCenterServer 提供了一个可伸缩、可扩展的平台，可集中管理 VMware vSphere 环境，为虚拟化管理奠定了基础。VMware的vCenter+vSphere架构可以实现计算、存储资源的虚拟化和自动化配置，但与数据中心网络之间没有联动机制，计算资源和配置与网络配置是割裂的，由此造成网络的规划和变更无法满足数据中心基础设施的高效率部署和运维。数据中心网络SDN解决方案与VMware vCenter之间的联动，成为解决该问题的一种有效途径。

SDN解决方案与VMware vCenter对接的架构如图2-21所示，SDN控制器和vCenter之间通过vCenter的开放Java接口对接，SDN与vCenter在网络配置方面实现协同，并感知vCenter的VM变更消息，实现网络的自动化配置。具体的实现方案分两步。第一步是网络规划和配置，由网络管理员在SDN控制器的网络配置界面上发放业务逻辑网络，并通过Java接口与vCenter配合，将网络规划信息推送到vCenter，配置虚拟化服务器中的VDS（vSphere Distributed Switch，虚拟分布式交换机）等虚拟网络。第二步是在第一步网络配置的基础上实现VM的生命周期管理，计算管理员在vCenter的资源发放页面上发放计算资源（虚拟机登录/注销/迁移），并将虚拟机绑定到虚拟网络VDS，SDN控制器通过Java接口与vCenter配合，检测虚拟机的事件消息。SDN控制器根据虚拟机的上下线位置对网络设备进行动态接入配置。具体的实现步骤如下。

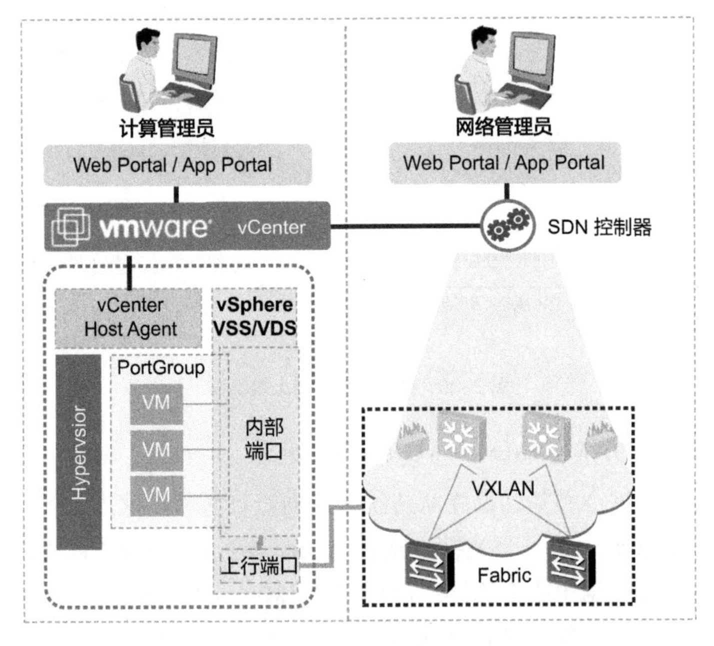

注：VSS 即 Virtual Software Switch，虚拟软件交换机。

图 2-21　SDN 解决方案与 vCenter 联动

步骤①　计算管理员根据业务需要，在vCenter的计算资源发放页面确定计算资源（vCPU、RAM、ROM、操作系统）。

步骤②　计算管理员选择虚拟机发放操作，vCenter根据配置动态进行计算资源的均衡调度，选择特定的ESXi主机，根据配置部署虚拟机。

步骤③　计算管理员在vCenter管理页面查看网络管理员下发的PortGroup配置，并手动创建发放的虚拟机与PortGroup的绑定。

步骤④　vCenter将PortGroup配置推送到相应的ESXi主机，并将虚拟机绑定到PortGroup。

步骤⑤　SDN控制器通过Java-SDK（Software Development Kit，软件开发工具包）接口检测虚拟机登录以及虚拟机与PortGroup的绑定，并获取虚拟机的登录位置。

步骤⑥　SDN控制器以PortGroup为索引查询数据库，获取Local VLAN与VNI的映射关系。SDN控制器查询LLDP邻居信息，获取ESXi主机与连接的上行ToR（Top of Rack，机架交换机）端口的映射关系。AC通过NETCONF接口将Local VLAN和VNI的映射关系下发到ToR端口。

如上所述，通过SDN控制器与VMware vCenter的对接，可以实现网络与计算资源联动，提高数据中心基础设施配置和维护效率。随着云计算技术的发展，VMware的VMM平台也在向VMware vRealize Suite演进，vRealize Suite集成了VMware NSX软件SDN解决方案。如果用户希望继续采用独立的SDN解决方案，由此来兼容其他类型的IT基础设施，并保持数据中心架构的开放性，则可以采用第三方SDN解决方案与VMware vRealize Suite集成。解决方案整体架构如图2-22所示。

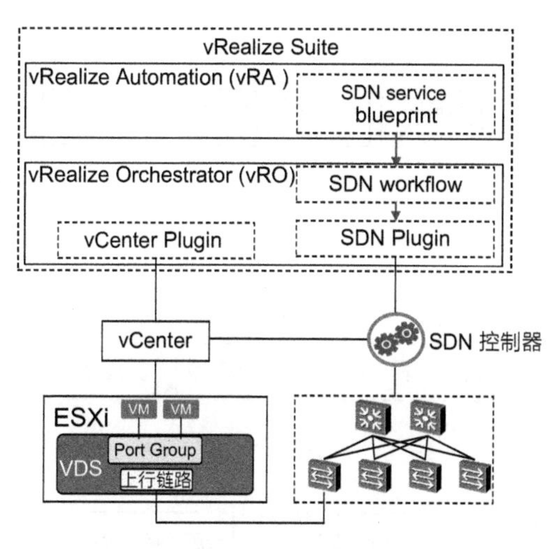

图 2-22　解决方案整体架构

vRealize Suite的vRA（vRealize Automation，即VMware vRealize IT服务自动化平台）和vRO（vRealize Orchestrator，即VMware vRealize工作流自动化执行平台）组件都提供了第三方组件的开放性，SDN解决方案需要在vRA中安装SDN service blueprint模块，提供SDN业务的编排和配置界面。同时，在vRO中安装SDN workflow，提供接口对接SDN service blueprint，并将SDN服

务编排内容传递到SDN Plugin中，转换为SDN控制器北向API，实现网络的自动化配置。

| 2.4 IT 云数据中心网络安全设计 |

网络安全是运营商数据中心网络设计的重要环节。运营商的IT云资源池是一个多租户、多业务共享的资源池，为满足不同应用系统对网络接入的不同安全隔离要求，根据业务系统的不同安全等级，对资源池内的资源进行安全域分区，将一个资源池划分为不同的子集合，其中安全域分区不跨数据中心部署。

1. 安全域分区定义

IT云资源池在架构设计上采用层次化、模块化的设计方式。整个数据中心的安全域可以分为接入域、核心域、管理维护域等，它们之间通过核心交换区互联，不同安全域又根据功能和安全等级分为不同子域，如图2-23所示，具体介绍如下。

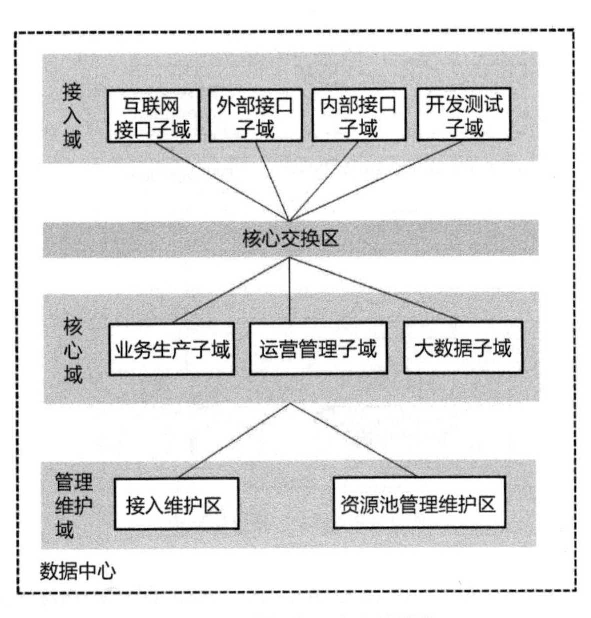

图 2-23 数据中心安全域划分

接入域：接入域中包含内部接入区（内部接口子域和开发测试子域等）和外部接入区（互联网接口子域和外部接口子域）。在内部接入区，运营商内部管理维护流量，通过IP专网或IP专线接入。在外部接入区，企业通过专线连入数据中心。为了提高数据的安全性，建议部署流量监控设备、IDS（Intrusion Detection System，入侵检测系统）和IPS（Intrusion Prevention System，入侵防御系统）。

核心域：主要包含业务生产子域、运营管理子域、大数据子域等。

管理维护域：主要包含接入维护区和资源池管理维护区。接入维护区主要放置各个系统用于管理维护的终端。资源池管理维护区主要放置远端资源管理模块的维护设备。

核心交换区：主要包含内网防火墙、负载均衡、SDN网关、核心交换机、接入交换机等设备，它能够实现与互联网接入层的三层互通、内部网络的互通与隔离、负载均衡和跨域访问控制等。在核心交换区，不同业务系统（网管、业务支撑、业务平台等）之间通过核心交换机的VRF或防火墙隔离。

2. 安全域分区网络隔离方案

安全域分区逻辑上通过VRF隔离三层流量，通过VLAN或VXLAN隔离二层流量，按需部署互访策略。安全域分区之间互通需要通过防火墙，考虑到流量流向的合理性，建议网关部署在核心交换机上，有安全需求的业务流可通过核心交换机配置静态路由或者策略路由至防火墙。

为便于管理维护，在刚开始对安全域进行分区时，可以以接入交换机为最小单位，共用核心层交换机。

配置防火墙主要保证各业务系统核心生产区的安全，并对核心生产区与半信任区域、内部接口区、测试区、管理维护域的访问策略进行控制；外层防火墙主要对半信任区域接口区访问互联网进行策略控制；内层和外层配置异构防火墙，确保若外层防火墙被攻破，只有半信任区域的服务器受到安全威胁，其他区域的设备仍受内层防火墙的保护。

为了提高防火墙的可维护性，防火墙根据租户划分虚拟防火墙，每个运营单位在分配好的虚拟防火墙上配置系统相关的安全策略。

VLAN/VXLAN按照不同安全域分区成段分配，不同安全域分区使用不同的VLAN/VXLAN段，每个安全域分区内不同的业务系统使用不同的VRF隔离，同一个业务系统内的多个网段用VLAN/VXLAN隔离。同一业务系统内部不同安全域分区的互访需要在防火墙上做策略允许其互访。

不同业务系统之间采用独立的VRF，业务系统的计算单元分别部署在不同的VRF中，存储单元分别部署在独立的VRF中，计算单元与存储单元的互通采用VRF互通。在一个VRF内部，使用ACL实现网段间的隔离。

第3章
运营商电信云数据中心网络设计

电信云的建设是运营商云网融合战略的关键，电信云的核心理念是采用云计算技术建设运营商网络，实现网络设备虚拟化、网络功能服务化、网络部署和运维自动化，由此提高网络部署和运维效率，降低网络建设成本，实现网络功能的灵活扩展，满足云网融合时代网络业务快速变化的需求。本章将重点介绍运营商电信云场景下数据中心网络的需求和架构，以及与可靠性和安全相关的技术。

| 3.1　电信云业务和技术发展趋势 |

1. 移动通信系统简介

在移动通信领域，移动制式经历了1G、2G到3G、4G的演进，5G正处于规模商用的起步阶段。

（1）1G（第一代移动通信）

1G起源于20世纪七八十年代，主要通过模拟通信技术解决移动语音诉求，“大哥大”是这一时期的标志性产物。1G仅提供简单的模拟语音服务，应用范围和受众很窄，因此整体运营成本极高，仅在特定领域（如军事组织、政府机构等）有所应用。

（2）2G（第二代移动通信）

2G在20世纪90年代初期落地，应用范围迅速扩大，对人们生产生活的影响也越来越深远。2G有了相对统一的标准，GSM是欧洲主导的移动通信技术标准，被全球除美、韩、日之外的其他国家的通信行业广泛接受。2G中加入了窄带数据业务，可支持的业务范围大为扩展，例如短信就是在2G时代首次引入的。由于上述原因，移动通信在全球市场大范围扩张，普通人的生活真正进入了移动通信时代。

（3）3G（第三代移动通信）

3G相比于2G，大幅增加了系统容量，提供超过2 Mbit/s的数据业务。用户最直观的感受是可以使用手机等终端访问互联网，快速打开图片、下载文件、观看低码率视频等，体验得到了极大的提升。典型的应用有手机QQ、微博、论坛等。3G系统由UE（User Equipment，用户终端）、UTRAN（Universal Telecommunication Radio Access Network，通用电信无线电接入网）、CN（Core Network，核心网）等组成，相关规范在3GPP（3rd Generation Partnership Project，第三代合作伙伴计划）Release 99中定义。图3-1所示为3G网络整体架构。

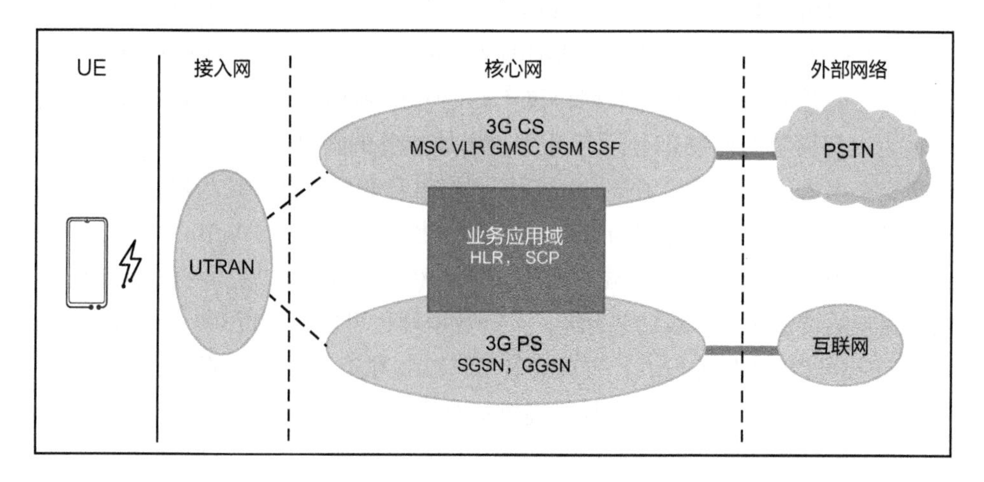

注：MSC 即 Mobile Switching Center，移动交换中心；
HLR 即 Home Location Register，归属位置寄存器。

图 3-1　3G 网络整体架构

- UE，作为语音、数据业务的无线终端，在3G规范中有中国联通的WCDMA（Wideband Code Division Multiple Access），中国移动的TD-SCDMA（Time Division-Synchronous Code Division Multiple Access，时分同步的码分多址技术），中国电信的CDMA2000等几种标准。
- UTRAN，即UMTS（Universal Mobile Telecommunications System，通用移动通信系统）陆地无线接入网，属于3GPP定义的3G无线接入规范的一部分。它主要由NodeB（3G基站）和RNC（Radio Network Controller，无线网络控制器）网元组成，NodeB类似于GSM接入的BTS（Base Transceiver Station，基站收发信机），RNC类似于GSM接入的BSC（Base Station

Controller，基站控制器）。UTRAN一方面收集UE的认证信息，申请相关资源，实现UE的无线接入；另一方面完成与核心网的连接，提供控制信道和用户数据传输。

- 核心网，属于移动通信系统的网络子系统部分，由CS（Circuit Switched，电路交换）域和PS（Packet Switched，分组交换）域组成，主要提供用户移动性管理、用户会话连接管理以及IP数据包的传输。

（4）4G（第四代移动通信)

2008年3GPP首次发布LTE规范，核心网全面IP化，这是第一个可落地的类4G标准，而第一个符合ITU（International Telecommunication Union，国际电信联盟）标准的4G规范LTE Advanced在2011年于3GPP Release10中才生效。在高通放弃CDMA的演进方案后，LTE事实上成为全球通用的4G规范，只要手机支持多个频段，那么一机漫游全球不再是梦想。4G不再支持传统的电路交换语音业务，而是开始支持全互联网协议（All-IP）的通信。扁平化的核心网结构可以为运营商节约网络部分运营开支，增加业务的弹性。前几代系统通过CS电路交换承载语音业务的场景，4G系统则将语音业务全部转换为IP网络中的数据包进行交换。2G/3G终端的接入与互操作使用CSFB（CS Fallback，电路交换回退）方案，允许旧的终端使用原有核心网CS。4G可以提供更高的系统容量和更低的传输时延。以LTE为例，下行数据峰值可以达到近300 Mbit/s，LTE Advanced可以达到1 Gbit/s，可以为智能终端提供高清视频、直播、语音等大容量服务，也可以为游戏、监控等提供低时延服务。微信、抖音、优酷等融合媒体类App迅猛发展。一个简化的4G系统由UE、无线接入E-UTRAN（Evolved Universal Telecommunication Radio Access Network，演进的通用电信无线电接入网）、EPC（Evolved Packet Core，演进型分组核心网）组成。相关的规范在3GPP Release 8和Release10中定义。图3-2为4G网络整体架构，具体说明如下。

- UE即用户终端设备，基本归一化为LTE接入方式。
- E-UTRAN主要由eNodeB（Evolved Node B，演进节点B）网元组成，eNodeB包括原UTRAN的NodeB和RNC两个部分，属于3GPP定义的4G无线接入规范的一部分。E-UTRAN负责无线资源管理、上下行数据的QoS、数据加密等工作。E-UTRAN与MME（Mobility Management Entity，移动管理实体）之间通过S1-U接口互连，部署信令相关的C面业务。E-UTRAN与S-GW（Serving Gateway，服务网关）之间通过S1-U接口互连，部署用户数据相关的用户面业务。
- EPC，即4G核心网。EPC和E-UTRAN共同构成了EPS（Evolved Packet

System，演进型分组系统），EPS代表了整个端到端的4G。EPC由控制面（Control Plane）和用户面（User Plane）构成，控制面用于承载认证、计费等信令类报文；用户面用于承载用户互联网、视频等海量数据报文。ALL-IP化的分组核心网具备了向虚拟化、云化演进的前提。

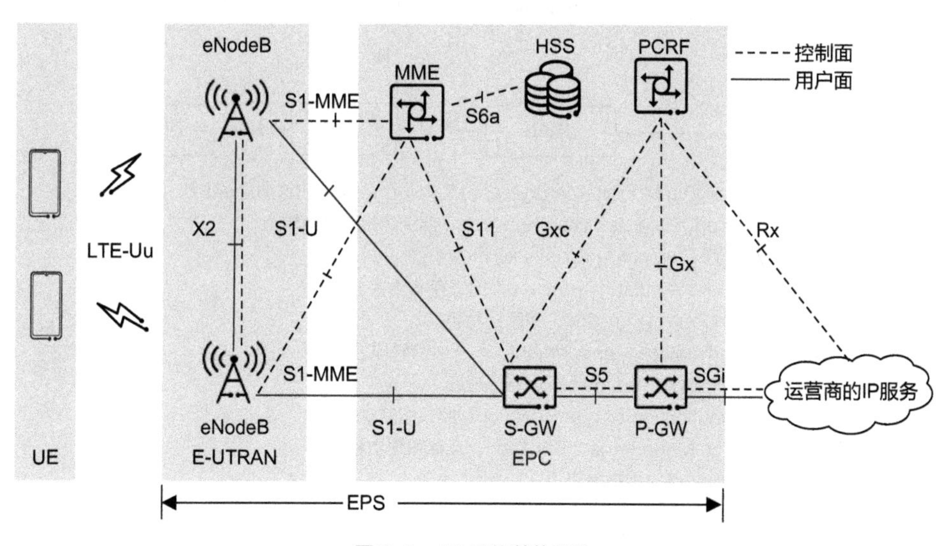

图 3-2 4G 网络整体架构

（5）5G（第五代移动通信）

2016年，3GPP启动5G国际标准的制定工作，其标准涉及R15、R16、R17三个版本，Release 15完成eMBB（enhanced Mobile Broadband，增强型移动带宽）标准化制定；Release 16完成移动宽带通用系统的改进和增强，关注汽车、工业物联网和非授权频段运营三个支柱垂直产业；2022年6月，3GPP宣布5G NR Release 17标准版本正式冻结。5G通过三大基础业务能力，即eMBB、URLLC（Ultra-reliable＆Low-Latency Communication，超可靠低时延通信）、mMTC（massive Machine-Type Communication，海量机器类通信，也称大连接物联网），将对云VR/AR、车联网、智能制造、智能能源、无线医疗、无线家庭娱乐、联网无人机、社交网络、个人AI辅助、智慧城市等应用场景产生重要影响。图3-3为5G网络整体架构。

2. 核心网的演进

移动通信系统由终端（也即用户设备）、基站子系统、网络子系统等组成。核心网是网络子系统的重要组成部分，随着移动通信系统的演进，核心网也进行着自身的演进。核心网演进主要有三个特征：电路交换向分组交换演进，专用设备向通用硬件加软件演进，集中式向分布式演进。

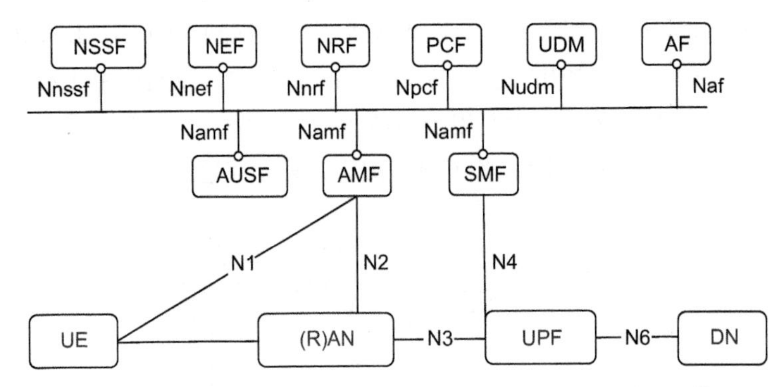

注：AMF 即 Access and Mobility Management Function，接入和移动管理功能；
NSSF 即 Network Slice Selection Function，网络切片选择功能；
NEF 即 Network Element Function，网元功能；
NRF 即 Network Repository Function，网络存储功能；
PCF 即 Policy Control Function，策略控制功能；
UDM 即 Unified Device Management，统一设备管理；
AF 即 Authentication Framework，认证框架；
AUSF 即 Authentication Server Function，鉴权服务功能；
SMF 即 Session Management Function，会话管理功能；
DN 即 Data Network，数据网络；
UPE 即 User Plane Function，用户面功能。

图 3-3　5G 网络整体架构

（1）电路交换向分组交换演进

电路交换是1G和2G时代的主要特征，功耗高、效率低、难于扩展，因此很快核心网向分组交换演进，3G时代已经可以支持2 Mbit/s以上的分组交换性能了。随着IP的低成本和通用化，应用以软件的方式进行创新，释放了移动通信的活力。

（2）专用设备向通用硬件加软件演进

早期，移动通信设备都是以专用的设备形态呈现的，在专有平台架构下，各设备硬件彼此独立（例如，MME是MME，S-GW是S-GW），并没有交集。即使一个机房内的MME负荷低，MME的单板也不能拔出来插到即将过载的S-GW网元上。硬件的价格和采购周期成为制约大规模部署移动通信设备的重要因素，此时核心网设备迫切需要通用的硬件架构、灵活的软件架构，来解决这些问题。

基于x86服务器的硬件架构的NFV应运而生，核心网NFV化是4G时代的重要特征。NFV的架构是将网络功能（路由转发、移动性管理、会话管理）从硬件中解耦，网络功能由软件实现，安装在被虚拟监视器抽象标准化之后的虚拟硬件上。随着NFV技术的不断成熟，电信设备也逐渐从当前的专业硬件平台迁移到数据中心通用的x86硬件平台上。

如图3-4所示，软件（网络功能，如vUSN/vUGW/vCG等App）和硬件解耦，实现模块化，降低了设备购买和维护的成本，同时也提升了业务部署和业务创新速度。云操作系统（Cloud OS）作为I层的操作系统，协调了应用和底层硬件。

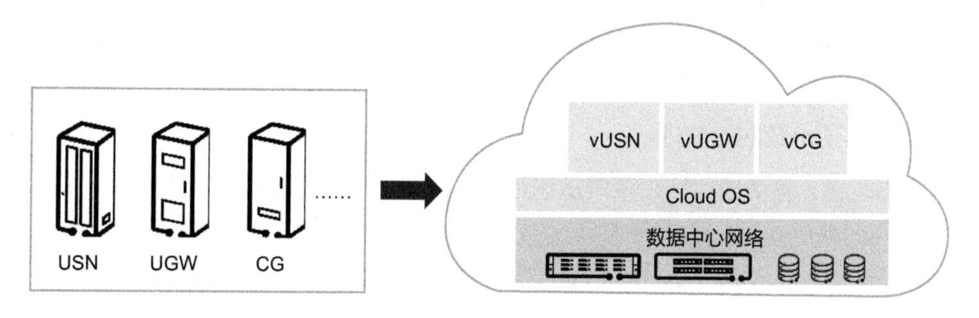

图 3-4　专用设备向通用硬件加软件演进

（3）集中式向分布式演进

在3G时代，甚至更早期，演进趋势就已经有所显现，包括两个方面：一方面，控制面与用户面分别部署，另一方面，控制面和用户面由集中部署向分离部署演进。3GPP版本初期，UE的数据经RNC网络进入SGSN（Serving GPRS Support Node，服务GPRS支持节点）网元，最后SGSN连接到GGSN，并通过GGSN的SGi口连接PDN（Public Data Network，公共数据网络）。端到端连接中，用户的信令控制报文和数据报文是合并传输的，部署冗余不够灵活。3GPP R7版本在RNC和GGSN之间建立了隧道，此时RNC的信令发送到SGSN，数据直接发送到GGSN，显著降低了SGSN的负载。演进到3GPP R8版本后，SGSN被合并到MME网元中，MME网元彻底不再承载数据报文，而数据面网元由SGW（Serving Gateway，服务网关）和PGW（PDN Gateway，PDN网关）组成。

2018年5G标准正式确立，核心网系统进一步向分布式演进，SGW和PGW会细分为SGW-C、SGW-U、PGW-C和PGW-U四个部分，用户面设备会下沉到边缘云（Edge Cloud）数据中心，以便将用户数据时延降低为毫秒级别，从而支撑游戏、互动视频、物联网、车联网等对时延极为敏感的场景。经过20余年的不断发展，需求、技术相互支撑，共同发展。低成本、弹性扩缩、快速创新、快速上线是移动网络核心诉求。核心网IP化与硬件通用化、分布化则是应对不断出现的新需求的最好回应。

NFV网络功能虚拟化由运营商发起，目的在于推动IT和电信行业基于虚拟化技术发展，提供一个新的运行环境，降低成本、提高效率、增加敏捷能力。2012年10月，12家主流运营商在SDN&Openflow世界大会上发布了一部NFV白皮书，2013年1月，ETSI（European Telecommunications Standards Institute，欧洲电信标准组织）主持的相关标准的制定工作开始正式运作。ETSI的主要任务是定义网络功能虚拟化的需求和整体架构。NFV网络功能虚拟化的外延比较广泛，除了上文所述的移动核心网领域的MME、SGW、PGW等网元，FW防火墙设备、BRAS等固定网络的网元也具备在通用硬件部署方面的先决条件，并且NFVI Fabric为此做了一定的准备。

3. 移动承载网的演进

2G时代，移动通信应用范围迅速扩大，移动承载网也经历了2G TDM（Time Division Multiplexing，时分复用）接入、3G IP连接、核心网业务入DC到VNF（Virtualized Network Function，虚拟化网络功能）/SDN化的多个阶段。

（1）2G TDM接入

MSC（Mobile Switching Center，移动交换中心）是核心网CS的关键网元。MSC作为独立的物理网元工作，信令处理等控制功能和语音处理等承载功能都集成在一个MSC设备上实现，MSC的功能相对单一，容量较小。同时业务与MSE（Multi-Service Engine，多业务引擎）耦合，业务扩容和网络升级困难。2G TDM接入如图3-5所示。

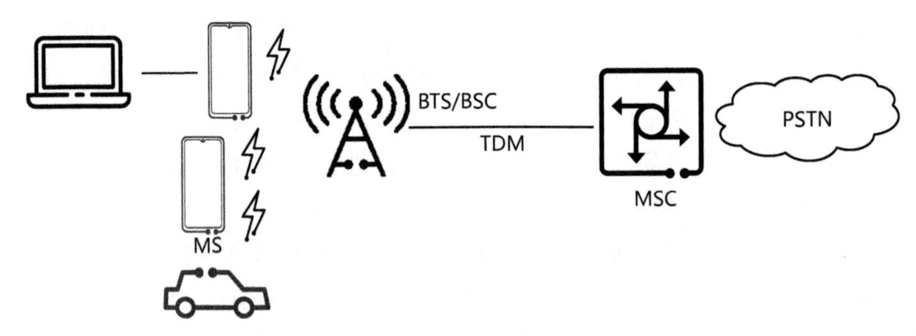

图 3-5　2G TDM 接入

（2）3G IP连接

在3GPP R4阶段，MSC的控制功能和承载功能进行了分离，分别由两个不同的设备实现。MSC Server位于网络的控制面，实现了信令处理和业务处理的控制功能，MGW（Media Gateway，媒体网关）实现语音交换和处理的承载功能。MSC Server和MGW联合实现了2G时代MSC的功能，它们之间通过标准的H.248协议相互通信。其中，MSC Server作为控制面实体，主要完成MM（Mobility Management，移动管理）、CM（Call Manager，呼叫控制）、MGC（Media Gateway Controller，媒体网关控制）等业务功能；MGW作为承载面实体，主要完成语音及媒体流的交换，通过复用降低传输成本，同时提供各种资源，比如TC、EC、放音、回收号码资源，实现多种业务承载。

在3GPP R5阶段，引入成熟的IP组网，为接入网和核心网间、核心网内各功能实体间、核心网和骨干网间提供低成本的IP连接，同时支持IP/ATM等宽带语音业务承载，替代传统的基于TDM的窄带语音承载。承载网也从独立的物理设备TDM接入，演进到ALL IP的设备间互联网络。3GPP初步实现了最初提出的ALL IP网络：IP技术成为所有信令消息的承载技术，改变了原有的呼叫流程。ALL IP移动核心网整体拓扑如图3-6所示。核心网的物理设备基于统一的平台，集成了多种业务功能，UGW（Unified Packet Gateway，统一分组网关）设备集成SGW、PGW等，其中，接入侧的核心汇聚路由器、IP骨干边缘的PE（Provider Edge，运营商边缘）/CE（Customer Edge，用户边缘设备），为SGSN/MME、SGW/PGW等网元提供IP连接，承载语音、数据、多媒体等多种应用。

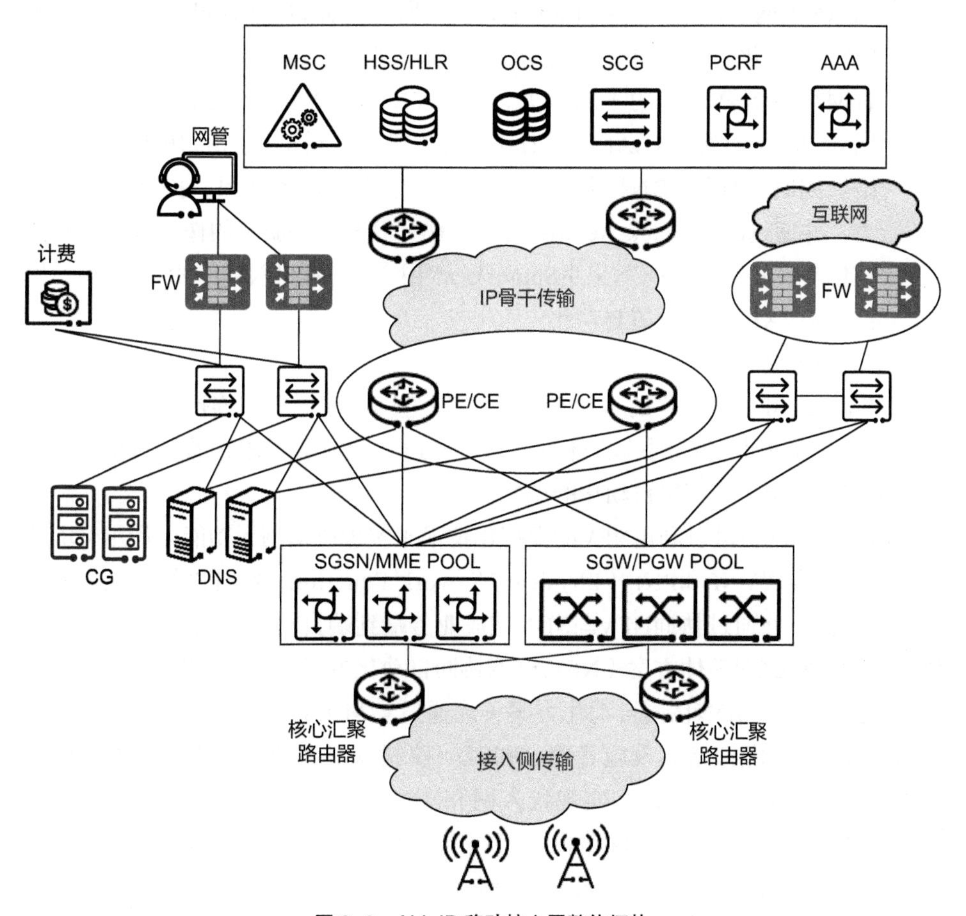

图 3-6 ALL IP 移动核心网整体拓扑

（3）业务入DC

随着核心网提供的业务种类、服务的用户数量不断增多，SGSN、MMEL、SGW、PGW、MSC Server等就需要选择合适的站点，部署到数据中心网络中。在数据中心网络内部，通过以太交换机实现网元间的二层互通。核心网围绕数据中心构建，接入交换机和汇聚交换机组成的传统数据中心两层网络，为各种业务网元提供二层连接，即数据中心网络内的各个交换机设备允许所有业务VLAN通过。同时，运营商数据中心网络还有以下两个特点。

- 业务VNF化：随着数据中心的集成和规模化，以及NFV技术的不断成熟，电信设备逐渐从专业硬件平台迁移到数据中心中通用的x86硬件平台上。从某种意义上来说，数据中心网络相当于一个超级分布式操作系统，而应用（VNF网元）则对应为安装在数据中心网络内的应用程序。DCN（Data Communication Network，数据通信网）组网与业务入DC阶段传统的VLAN组网类似，在ToR和EoR上，允许所有业务VLAN通过。
- SDN自动化：数据中心网络承载了所有业务、管理、存储的流量。随着网络服务器规模的不断增大，引入VXLAN虚拟化，通过在基础的IP Underlay上叠加VXLAN Overlay业务网络，灵活扩展CloudFabric二层网络。同时，部署SDN控制器，实现网络建模、业务抽象，提高自动化能力，并通过OpenStack Neutron接口实现计算与网络服务的按需自助、敏捷交付与简易运维。DCN采用Spine-Leaf组网，同时引入SDN和VXLAN，提供二层VXLAN的配置自动化。

（4）NFV/SDN协同

NFV引入SDN最基本的目的是在I层网络上协助实现VNF连接的自动化，最终协助客户实现业务端到端的自动化部署开通。就业务需求来看，目前ETS的NFV标准已经定义了网络自动化的架构。

基于该标准，可以利用NFV的虚拟化技术来实现电信网元功能，利用SDN的灵活控制来实现VNF和PNF（Physical Network Function，物理网络功能）的按需部署连接，并通过协同NFV与SDN完成业务端到端自动化。其中，NFV/SDN协同的承载网DCN整体方案（NFV/SDN协同自动化方案）架构如图3-7所示。

这里，NFV/SDN协同自动化方案关注通过VIM（Virtualized Infrastructure Management，虚拟基础设施管理）和SDN控制器来实现数据中心内网络的自动化，包括实现VNF加载、实现接入网和VNF连接外部网络的自动化构建，但不负责整个业务端到端自动化，网络自动化控制的范围限制在VM-vNIC（virtual Network Interface Card，虚拟网卡）往上到DC GW上行端口。NFV/SDN协同自动化方案的关键组件说明如表3-1所示。

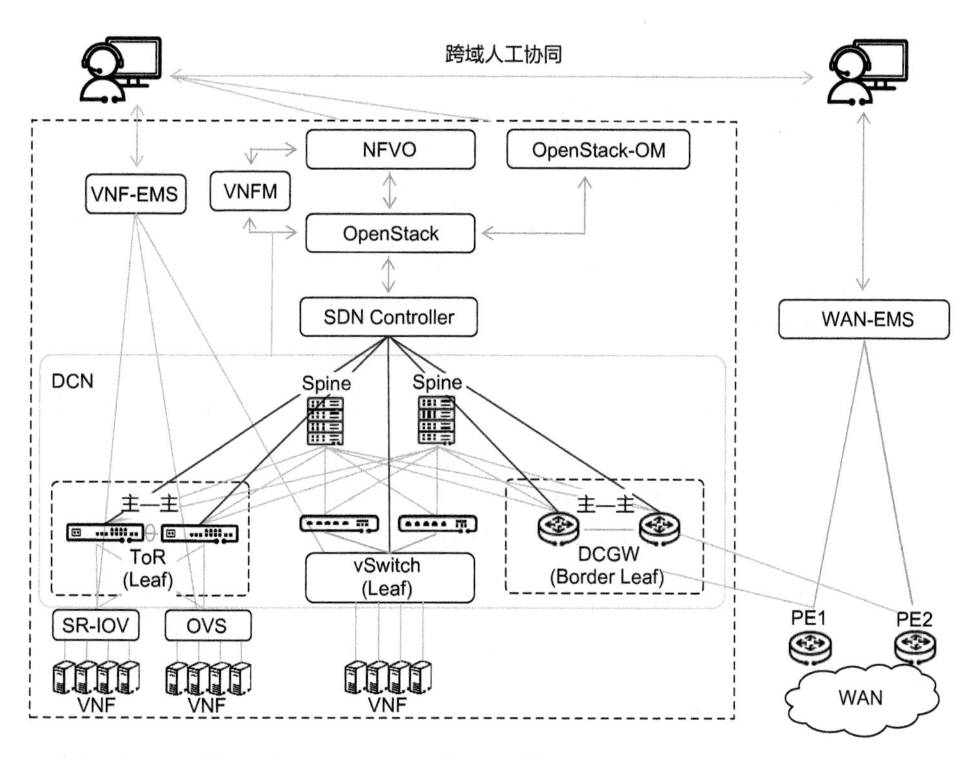

注：DCGW 即 Data Center Gateway，数据中心网关；
OVS 即 Open vSwitch，开源虚拟交换机。

图 3-7　NFV/SDN 协同的承载网 DCN 整体方案架构

表 3-1　NFV/SDN 协同自动化方案关键组件

组件	作用说明
OpenStack-OM	云运营平台组件，统管云 DC 资源并提供云服务。支持 VDC 的创建并分配 NFV 的 VM 资源池，完成 IT/CT/ 多厂商 VNF 的资源隔离
NFVO（Network Functions Virtualization Orchestrator，网络功能虚拟化编排器）	基于规划的 NSD（Network Structured Database，网络结构数据库）文件定义的 VNF 连接需求，完成 VNF 接入逻辑网络的构建、VNF 间网络连接，并进行业务的生命周期管理
VNFM（Virtualized Network Function Manager，虚拟网络功能管理器）	基于规划的 VNFD（VNF Descriptor，VNF 描述模板）文件定义的 VNF 内部网络需求，完成 VNF 内的网络连接及 VNF-VM 的接入，并进行 VNF 的生命周期管理
OpenStack	分配 VNF-VM 的资源池，作为计算、存储、网络虚拟资源管理组件，VIM 提供遵循 OpenStack 标准的资源服务化接口

续表

组件	作用说明
SDN Controller（SDN 控制器）	完成逻辑网络到物理网络的映射、资源角色纳管预置以及外部网络具体设置
VNF-EMS（Element Management System，网元管理系统）	对 VNF 进行业务配置发放，并实现同一厂商 VNF 及其使用 NFVI（Network Functions Virtualization Infrastructure，网络功能虚拟化基础设施）资源的小闭环跨层故障定界分析

在NFV/SDN协同自动化方案中，首先进行业务规划，从业务逻辑角度描述网络拓扑和每个关键I层节点上的网络特性需求，这些需求表现在NSD和VNFD文件中。其次进行业务发放，MANO（Management and Orchestration，管理和编排，包括NFVO、OpenStack-OM）读取并解析NSD/VNFD文件，通知OpenStack将逻辑网络模型转换成I层网络模型，具体就是构建对应的Network/Router以及连接FW，OpenStack分配全局网络资源参数，在构建网络时，通过Neutron传递给SDN控制器，查找具体的资源，实现实际网络业务的发放配置。

3.2 电信云数据中心网络整体架构

运营商传统网络总体架构呈现出分层分级的特点，一般分为无线网、汇聚网和核心网，网络设备和电信设备放在相应级别的网络机房内。随着国内外主流运营商网络机房的DC化改造，运营商传统端局（交换中心）转变为类似云服务提供商的DC，由此DC也呈现CDC、RDC（Regional Data Center，区域数据中心）和EDC三级架构。

如图3-8所示，随着5G业务的商用部署，用户体验要求越来越高，对网络质量也提出了更高的要求：高清视频从2K到4K、8K的普及，VR/AR/在线游戏需要提供沉浸式体验。以Cloud VR为例，对运营商移动网络提出了更高的要求，入门级的体验需要100 Mbit/s的带宽和10 ms的时延，而极致的体验则需要9.4 Gbit/s带宽和2 ms的低时延。因此，CDN继续下沉，OTT CDN，如爱奇艺、腾讯、阿里巴巴等CDN节点已经下沉到地市，以提供更好的业务体验。并且，CDN等大流量业务一方面需要就近转发，减少绕行，从而降低对运营商城域网的冲击，另一方面又需要集中控制，统一管理，降低运营成本。与此同时，5G

3GPP标准也在推动核心网元控制面与用户面分离。为提高用户体验，随着用户面的业务逐步下沉，业务部署从CDC逐步延伸到EDC。所以电信云整体方案为分布式DC，逐步部署。

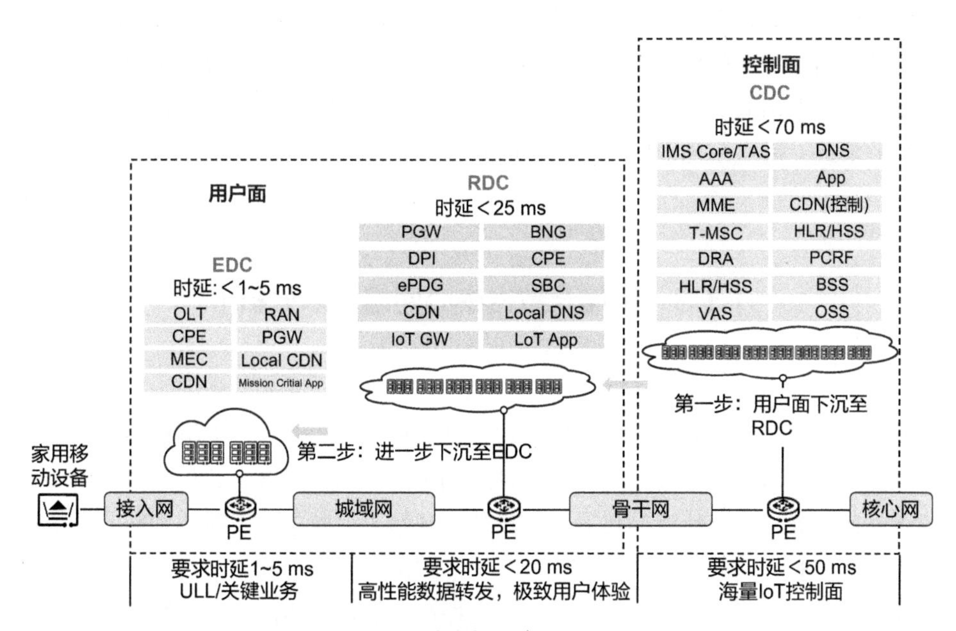

注：MEC 即 Mobile Edge Computing，移动边缘计算；
RAN 即 Radio Access Network，无线电接入网。

图 3-8　电信云网络目标架构

CDC部署在骨干中心机房，与WAN背靠背对接。CDC和RDC单个DC服务器规模相对较大，服务器数量在100台以上，总的DC数量比较少。在城域核心机房按需部署RDC，与WAN背靠背对接。随着业务下沉，EDC逐步展开部署在汇聚机房和接入机房，或者服务器直挂WAN侧ACC（Access Router，接入路由器）/AGG（Aggregation Node，汇聚节点）设备。EDC主要用于支撑低时延、边缘计算等场景，基于业务诉求按需部署。

当前CDC已经在全球大量部署，多数采用VXLAN方案，对于大型DC，VXLAN技术成熟且应用广泛。新建CDC/RDC，考虑技术成熟度和部署效率，同样采用VXLAN技术作为网络的Overlay网络技术。随着多DC的出现，DC之间的流量互访诉求日益强烈，DC承载的业务对WAN的诉求存在差异，这就需要DC间的访问具备选网、选路的能力，以满足不同的业务SLA诉求。基于Overlay IP的VXLAN技术等可以实现DC间的可达性，保证在有业务级的SLA需要选择网络与路径时，可以采用SRv6技术。

EDC规模较小，需要针对其特点，考虑管控平台的轻量化和EDC网络架构的轻量化。例如，利用城域设备的剩余端口，直接部署服务器，避免独立配置网络设备导致的利用率不高、转发节点数量增加而带来的时延增加等。EDC E2E（End to End，端到端）部署简化，相比CDC/RDC，EDC数量多，DC数量上千，这就需要考虑EDC与城域网融合，提高部署效率。需要支持E2E的网络分片和低时延承载方案，EDC与MEC承载业务要求极低的时延，并且需要支持网络分片的承载，避免EDC内网元成为低时延方案的瓶颈。

3.3 电信云数据中心网络需求分析

自20世纪80年代起，随着全球科技、文化和经济的发展，人类社会逐渐开始从工业社会向信息化社会过渡；到20世纪90年代中期，经济全球化趋势推动信息技术高速发展，以因特网为代表的信息技术开始大规模应用于商业领域。在全球经济持续增长的同时，企业信息化过程中暴露出来的问题亦逐渐凸显。复杂的管理模式、失控的运营成本、困难的扩展支撑使企业对新型信息技术翘首企足，这些痛点促使了云计算的诞生。

NIST（National Institute of Standards and Technology，美国国家标准与技术研究院）定义了云计算的五大特征。

- On-demand self-service（按需自服务）：用户自助服务，无须服务商干预。
- Broad network access（泛网络接入）：用户可以通过各种终端访问网络。
- Resource pooling（资源池化）：物理资源多用户共享，应用呈现地域无关性。
- Rapid elasticity（快速弹性）：快速申请和释放资源。
- Measured service（可度量的服务）：具有自动化的资源度量、监控、优化机制。

“按需自服务”及“泛网络接入”表达了企业在现有生产力水平下对更高水平生产力的渴望，即对业务自动化的强烈诉求。而“资源池化”与“快速弹性”可被归纳为“弹性的资源池”。“可度量的服务”强调在自动化与虚拟化的背景下，运营支撑工具同样面临巨大的挑战，需要更为智能化、精细化的工具降低企业的OPEX（Operating Expense，运营成本）。

至此，云计算不再仅是IT领域的专业术语，它代表了一种新的生产力，创造了新的业务模式，带动产业转型，重塑产业链，并开始驱动各行业的业务模式创新，给传统经营方式带来了颠覆性变化，给客户体验带来了革命性变革。抓住机遇者将可能在行业中获得更大的增长空间。传统CT设备采用专有硬件，扩容和新业务上线周期需要数月，且商业模型强依赖于设备供应商，增加了新业务上线成本。因此，运营商希望电信设备也能像IT一样，实现硬件和软件的分离，通过采购通用硬件实现能力的提升、容量的提高；通过升级软件实现功能的增加、新业务的上线，从而降低成本，提高响应速度。网元NFV化为网络灵活扩展与业务灵活部署提供了可能。NFV技术目前发展多年，标准与规范已经成熟，规模商用时代已经来临。因而，电信设备的云化趋势也随之越来越明显，从而推动运营商电信云的建设。

在运营商网络中，NFV技术目前的应用以云核为主，未来将扩展到更多的领域。计算密集型的网元、管理网元、用户数较多和转发性能要求较低的网元适合进行NFV化。对于转发密集型的网元，转发性能要求高，云化困难，建议先不进行NFV化。

核心网中的控制和管理设备IMS（IP Multimedia Subsystem，IP多媒体子系统）、MME等，易于采用通用化硬件和云化管理，已经全面云化，部署于CDC内。EPC等业务网关考虑其部署成本、统一硬件等因素，也已实现云化，主要部署于RDC。面向5G，3GPP定义5G核心网的前提是资源云化，应对5G大流量和低时延的诉求，针对核心网，提出CU（Central Unit，中央单元）分离架构，结合MEC技术实现U面下沉到EDC，以满足不同业务的时延带宽需求。因为MEC部署的位置基于客户需求，可能位于承载网的各个位置，这就要求承载网架构具备足够的弹性。满足不同区域的云化部署需求成为未来网络建网的一大趋势。

固网业务的业务网关和CO（Central Office，端局）也有云化趋势，某些运营商通过解构传统CO机房，将接入设备和家庭/企业业务网关等设备云化，并使其承载在通用硬件平台上，以最大化资源利用，提高部署的灵活性。

如图3-9所示，通常运营商会建立CDC和RDC，分别部署控制面NFV网元和数据面NFV网元。随着业务需求的发展，运营商会建立更多的EDC和Mini EDC、MEC，将部分业务网关下沉到边缘节点，从而提供更好的用户体验。

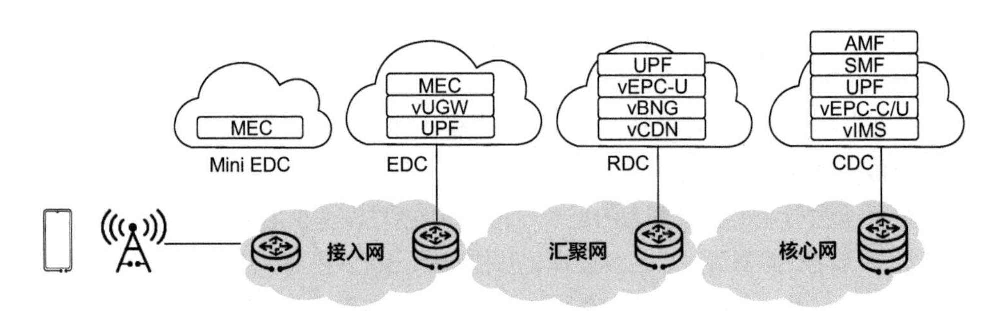

注：SMF 即 Session Management Function，会话管理功能。

图 3-9　运营商电信云分层部署

基于上述云化趋势，5G Core将朝容器技术方向继续演进。借鉴IT产品的思路，将传统的、大型复杂的单体式软件系统架构解构成多个独立的服务化模块（微服务模块）。这些微服务模块数量庞大、粒度小，彼此之间弱耦合，通过服务治理框架进行管理和通信，可以独立开发、部署和运行。基于微服务架构解耦后的产品可以灵活组合重构、快速上线、敏捷交付。而基于传统虚拟机（VM）的虚拟化技术，由于粒度过大、资源开销过重，无法快速地创建和重构，无法满足微服务独立部署、快速上线、弹性扩容及独立升级的诉求，无法满足敏捷交付的诉求。在这种情况下，容器作为轻量级的虚拟化技术，成为运行微服务程序的最佳载体。它的粒度比VM更小、更轻量级，用的资源更少、更灵活，便于在大流量时进行快速部署，快速扩容，更容易匹配和满足微服务的微小粒度、独立部署和升级诉求。VM和容器软件栈对比如图3-10所示，相关对比项见表3-2。

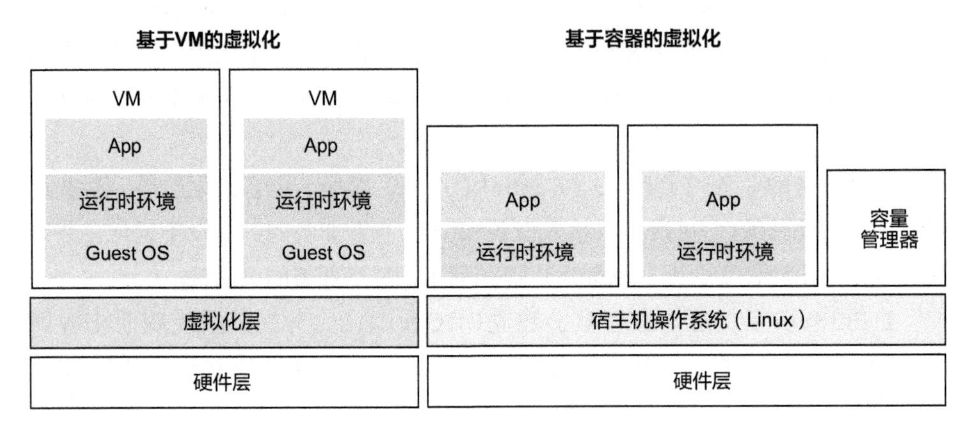

图 3-10　VM 和容器软件栈对比

表 3-2　VM 和容器的对比项

比较项	虚拟机（VM）	容器（Container）
虚拟化程度	硬件虚拟化技术，实现通用的软硬件解耦、隔离和共享；是操作系统级别的虚拟化	进程应用的虚拟化，是针对应用的封装技术；是对操作系统进一步的虚拟化
隔离性	优秀，完整的操作系统隔离；多租户可以安全共享节点	较弱，共享内核空间，安全隔离有待完善
资源利用率	较好，能够比较有效地利用硬件资源	很好，不直接占用设备资源，共享操作系统内核，利用率高
启动速度	中等，完整的操作系统级别的启动，启动速度相对较慢	很好，进程级的启动（宿主机已经处于运行状态），启动速度快
兼容性	中等，可以基于镜像迁移	很好，自带环境依赖，封装格式统一，利用跨环境迁移
成熟度	成熟稳定，可以规模商用	不成熟，但快速发展中

需要说明的是，基于VM的传统虚拟化方式和基于容器的虚拟化方式各有优劣，不存在好坏之分，只是适合的场景不同。而经过前文的分析，网元采用SBA（Service Based Architecture，服务化架构）、微服务（Micro Service）设计，因而更适合采用容器技术实现。同时，容器技术也是Cloud Native最佳的承载技术。

Cloud Native的设计理念如下。

无状态设计：业务处理（应用）和存储（后台数据库）分离，将业务状态和会话数据从业务处理单元中分离出来，并存储在独立的数据库中，实现业务处理单元的无状态设计，使得业务处理单元可以任意弹性扩缩，同时，如果业务处理单元发生故障，在新启用的业务处理单元中，可通过数据服务快速获取会话的数据以及状态，包括正在进行的会话，从而实现服务的无缝衔接、快速恢复，不影响应用对外提供服务，保证业务的连续性。

分布式存储：简单来说，就是通过内部协议约定，将要求保存的文件同时写入多台机器中，这样文件也有了多个备份，减少了一台机器出故障数据就会丢失的情况。

（微）服务解耦：功能解耦拆分，拆分之后的每个系统可以单独部署，业务简单，方便扩容，支持灰度升级。同时，还可通过模块灵活组合来完成新业务快速上线。

轻量虚拟化（容器）：根据上述关键技术特征，原有的单体应用被解构成多个小型的服务化模块，在虚拟化环境下，这些模块的资源载体相应地需要更轻量化，才能在大流量的情况下进行快速部署，快速扩容。

敏捷的基础设施：基于容器来部署，容器的粒度比VM更小、更轻量级，用的资源更少、更灵活，便于在大流量的情况下进行快速部署，快速扩容。

以下介绍Cloud Native在5G领域的关键技术应用。

从5G业务特征来看，需要面向多业务，提供更灵活的业务保障，包括满足资源需求以及功能需求；Cloud Native不仅从资源使用角度保障其灵活性，还能保证快速业务上线、弹性扩缩容、故障恢复、高可靠性，以及之后的平滑升级。

从5G业务实现来看，由于从单体式应用架构拆解为多个独立的模块，模块之间彼此弱耦合，基于开放API，以服务化方式通信，由服务治理框架进行管理（服务模块注册、发现、调度、编排管理），通过服务化模块的灵活组合、独立升级，支持新业务快速上线。

1. 网络云化面临的挑战

业务云化后，服务模式发生改变。一种按需分配、按使用量收费的使用模式顺势而生。云化提供了一个可配置的资源共享池，用户可以通过网络访问，获取存储空间、网络带宽、服务器、应用软件等服务。云化通过计算、网络和存储资源池化，带来了更大业务量、更高的带宽和更低的时延。所以在云化时代，随着业务云化的规模商用以及新技术的迅猛发展，运营商网络需要满足如下诉求。

- 云和网端到端协同：电信云是VNF的承载，而不是独立的DC，需要与承载网拉通，提供E2E的PNF和VNF的连接、协同能力，满足运营商业务的快速上线诉求，并提供SLA保障；需要注意的是分层布局的演变，承载网的连接需要解决本地DC内外的互联问题，特别是多个DC间流量的合理调度和疏导。
- 多种业务承载能力：移动eMBB/URLLC、固定宽带、政企等多种业务的承载和业务入云，需要同时支持VNF与PNF接入。为满足多种业务快速上线，网络需要池化与自动化。
- 灵活的增值业务使能：NFV的出现使得大量的SF（Service Function，业务功能）不再与硬件设备紧密耦合，而是以软件实体的形式，灵活分布于网络的各个位置。为满足特定的商业、安全等需求，对于指定的业务流，通常要求在转发时，经过一个指定的增值业务功能组合，满足相应的业务安全、商业增值等要求。移动、固定宽带、政企专线业务都有这样的增值业务诉求。灵活分布的SF需要灵活使能，以方便提供服务。

- 更好的用户体验：NFV应用往往服务于实时业务，提供不间断服务，网络可靠性要求高。5G业务要保证业务体验，对时延、故障保护提出了更高的要求。4K/VR直播业务，大流量、低时延、高并发是首要问题；同时CDN下沉，流量本地转发，这些新的业务都要求同时减少网络开销、实现用户最佳业务体验。例如，Cloud VR端到端时延要求低于20 ms，同时需要100 Mbit/s以上的带宽；电网端到端时延要求小于15 ms。

2. 云和网端到端协同

如图3-11所示，随着5G业务商用部署，用户体验要求越来越高，用户面业务逐步下沉，电信云的部署从CDC逐渐延伸到RDC、EDC、MEC也成为趋势。采用多层分布式云部署时，网络将同时承载多个DC，DC与DC之间存在业务流量互访。电信云的部署需要WAN与DC网络的支持，云服务的可靠性、可用性和可扩展性要求网络协同。这就需要云和网络端到端协同，统一部署和管理。未来电信业务进一步下沉，存在大量DC需要统一管理。

传统的网络部署时，云和网分离，DC和WAN之间采用分离连接的方式，使得业务自动化部署及运维检测形成断裂点。断裂点导致了部署与运维的困难。传统电信云架构缺乏敏捷性，多DC部署导致TTM（Time to Market，业务上市所需时间）长，管理复杂。对于DC与WAN，统一的承载与运维是最好的选择。业务云化，尤其根据5G CU分离后的业务模型可知，UPF模块存在灵活调度、按需部署在不同位置的需求，而且需要能部署在不同的网络切片中。不再像以前EPC高置等场景，VPN（Virtual Private Network，虚拟专用网）和位置等信息可以提前规划，提前预配置。在5G业务逐步下沉的趋势下，EDC和MEC建设将逐步被提上议程，同时会有更多的接入网元，如OLT、CPE（Customer Premises Equipment，用户终端设备，也称用户驻地设备）在EDC采用虚拟化部署。如果继续采用传统的DC组网方案，会形成大量的孤岛，还会增加不必要的设备投资。为保证业务体验，多云部署与云间互联，需要DC与WAN协同做流量的调度与规划，保证业务端到端的SLA。

未来网络云化业务无处不在，并会持续快速增长，需要从网络的建设以及控制层的协同方面，端到端自动化拉通云和承载网，实现云网协同，从而实现业务快速开通以及提供业务SLA保障。

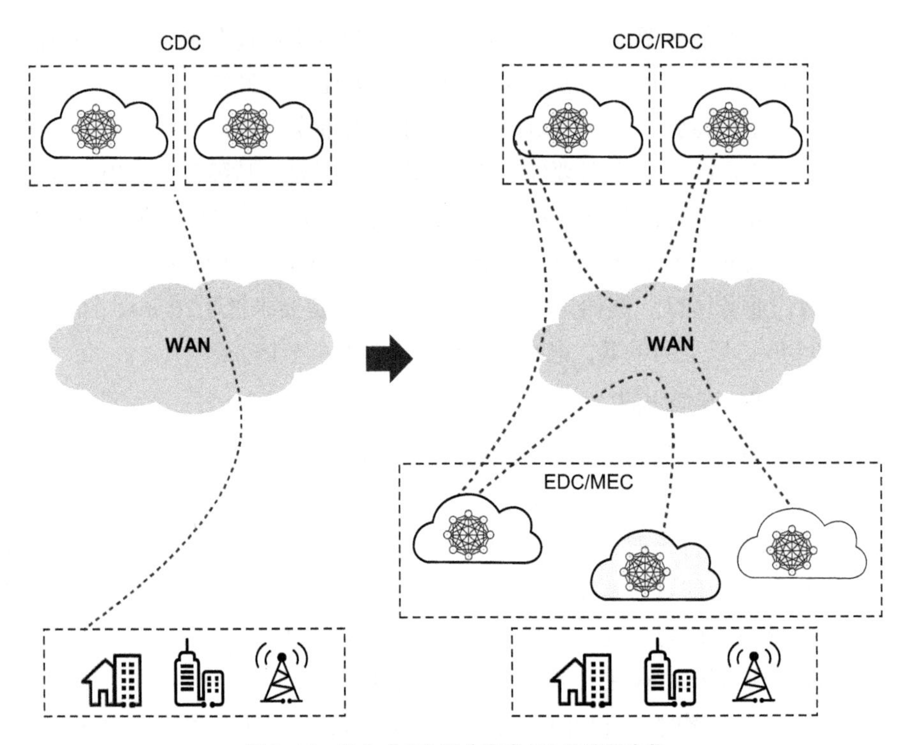

图 3-11　集中式 DC 到分布式 DC 的流量变化

3. 多种业务承载能力

随着移动和固网业务网元的云化，电信云需要承载移动、固定宽带、政企专线等多种业务入云，需要同时支持VNF与PNF接入。VNF存在单VM架构和多VM架构，因此需要承载网提供多VNF类型的承载能力。

物理设备云化后，通常一个VNF网元包含多种类型的VM，这些VM分布于不同的服务器中，服务器连接不同的Leaf。类似于以前的物理设备由多种类型的业务板、主控板等组成，虚拟化后，这些功能由多种VM完成。因此，曾经在物理设备内部的交互报文也外化为VM之间的交互报文。如图3-12所示，以UGW核心网元为例，可以看到其虚拟化前后的逻辑变化。

LPU（Line Processing Unit，线路处理单元）虚拟机对应线路处理板，相当于UGW核心网元虚拟化后的服务器+存储+IPU（Interface Processing Unit，接口处理单元）软件；SPU（Service Process Unit，业务处理单元）虚拟机对应业务处理板，相当于UGW核心网元虚拟化后的服务器+存储+SPU软件；SFU（Switch Fabric Unit，交换网板单元）虚拟机对应交换网板+背板，相当于UGW核心网元虚拟化后的数据中心网络。

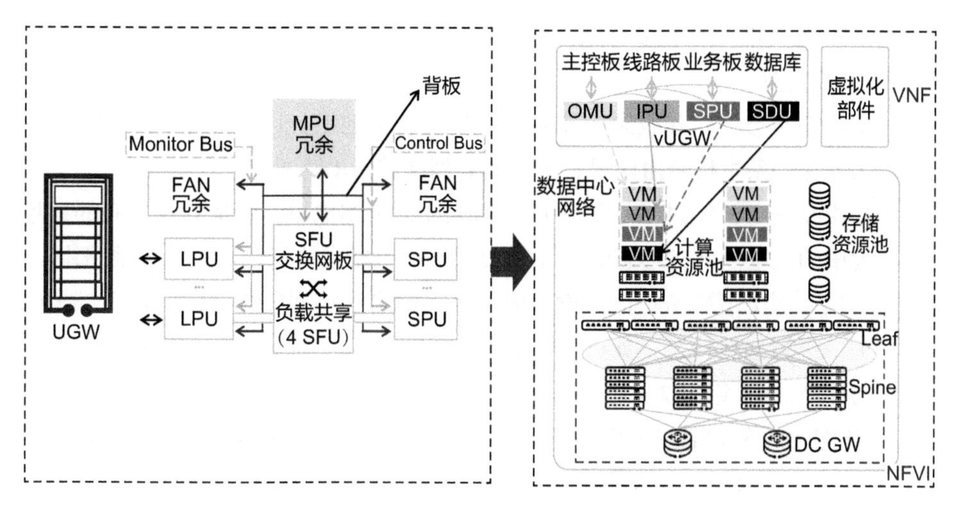

图 3-12　UGW 核心网元虚拟化前后的逻辑变化

如图3-13所示，UGW核心网元虚拟化后，UGW与外部网络互访不再通过CE实现，而是vUGW通过DCN与外部L3互访，相当于L3路由器。UGW内部互访也不再通过交换网板+背板+控制总线实现，而是通过DCN实现VM之间L2互访，相当于L2交换机。这种多VM架构适用于vUGW（virtualized Unified Gateway，虚拟统一网关）、vMSE（virtual Multi-Service Engine，虚拟化多业务引擎）、vBNG（virtual Broadband Network Gateway，虚拟宽带网关）等需要强转发能力的VNF网元，每种VM类型可以基于业务需求弹性扩容为多个VM。

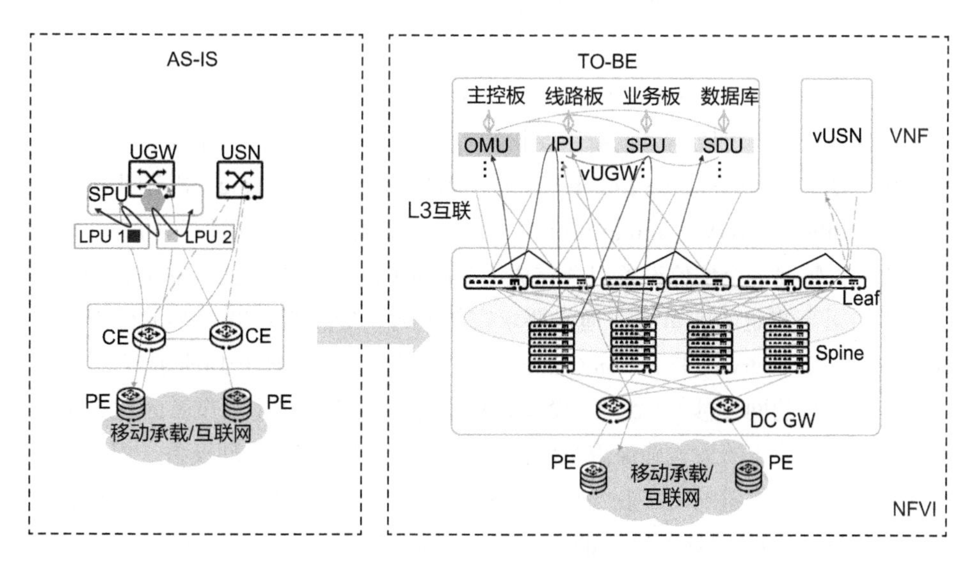

图 3-13　UGW 核心网元虚拟化后网络的变化

不同的业务网元存在多种服务模型，为了实现多业务承载，VNF需要支持以下多种服务类型。

- 主机型服务：VNF收到的流量目的地址为本地IP。这种情况下，VNF向外网发送一条主机路由即可，如vUGW到基站的RAN业务。
- 路由型服务：经过VNF的流量目的地址不是本地IP，而是VNF发布的地址池中的地址。此种形态的VNF需要部署动态路由协议，发布地址池路由。
- 二层互通类型服务：接入设备通过二层网络连接到VNF，在VNF上部署网关，进行三层转发，如vBNG对接入侧的业务。此种形态的VNF需要WAN与DCN之间实现L2互通。

VNF网元的多VM架构和多业务承载，对DCN提出了更高要求，主要包括以下几点。第一，基于VM的负载分担。单VM处理能力有限，要求网络可以实现VM流量的负载分担。第二，分布式转发。DCN的流量转发模型，能够支持就近转发。第三，云网联动。支持VNF网元的VM上下线、迁移和弹性扩缩容。第四，二层/三层网络服务。为多种接入网元VNF/PNF提供L2VPN（Layer 2 Virtual Private Network，二层虚拟专用网）与L3VPN（Layer 3 Virtual Private Network，三层虚拟专用网）的网络服务。

4. 灵活的增值业务使能

在网络中，存在由增值业务设备参与一起完成业务功能的场景。云核的Gi-LAN业务对手机上网用户存在审计、安全控制、NAT、LB等服务的诉求。政企的业务存在等保诉求，需要防火墙、审计等服务。对于企业专线，随着CO网络的云化重构，有着对CO的VAS（Value-Added Service，增值业务）设备利旧完成增值业务的诉求。在CO内部和CO之间的VAS设备上的所有链接都需要防火墙、审计等服务，可以不用重新建设新的VAS设备或者资源池。家庭宽带业务利用URL（Uniform Resource Locater，统一资源定位符）Filtering，限制儿童访问有害的Web网站。IGW（Integration Gateway，集成网关）网络访问的安全控制和防攻击，需要多个增值设备组合完成。为满足以上特定的商业、安全、等保等的需求，对于指定的业务流，通常要求在转发时，经过指定SF序列的处理，即穿越一个SFC（Service Function Chain，业务功能链），如图3-14所示。

需要编排的网元涉及L2、L3设备，包括透传设备。在物理设备时代，可以通过串接或者分流的方式确保流量依据业务编排经过对应的物理设备。但当业务网元VNF化后，大量的网络业务功能不再与硬件设备紧密耦合，而是以软件实体的形式出现；同时SF具备灵活部署、弹性扩缩容等特点。因此，网元位置不再固定，而是需要通过动态编排的业务链技术实现流量路径规划。

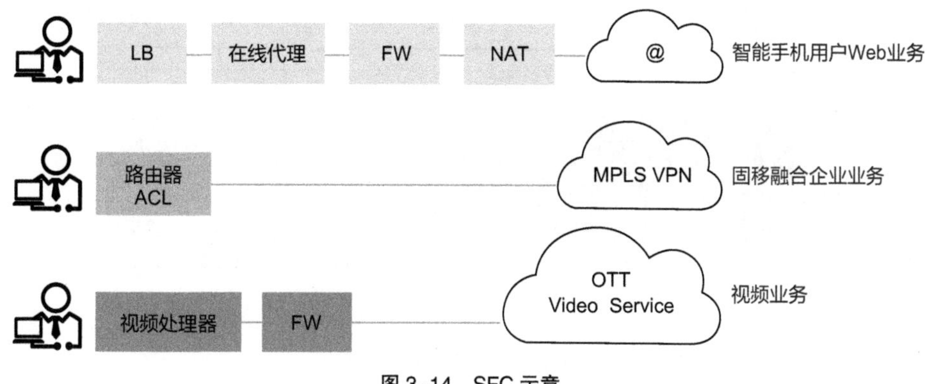

图 3–14　SFC 示意

5. 更好的业务体验

电信云承载网是多业务承载网，不同业务有着不同的业务体验诉求。如图3-15所示，在4G时代，当网络侧故障恢复时间在3 s内时，虽能保持控制面会话不丢失，但是业务的体验已经有很大的下降。

按照图3-15中定义的接口会话保持时间，超过接口会话保持时间的传输中断有如下影响：活动用户掉线或呼叫失败[NAS（Network-Attached Storage，网络附加存储），GTP，Gx/Gy接口]；在线用户批量下线，用户短时重新接入，引发信令风暴。

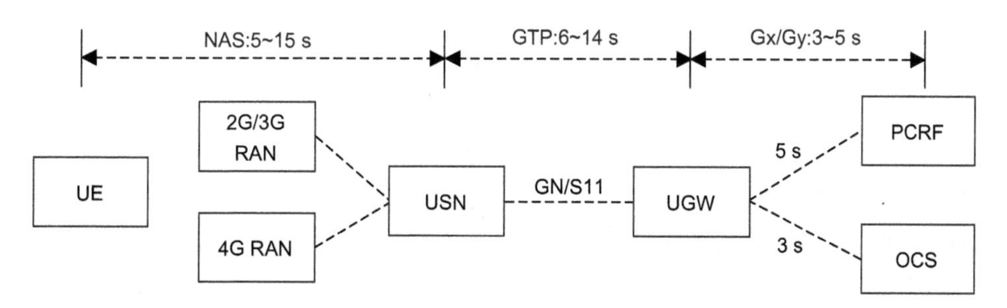

注：GTP 即 GRRS Tunneling Protocol，GRRS 隧道协议；
USN 即 Unified Service Node，统一服务节点；
OCS 即 Online Charging System，在线计费系统；
GN 即 Generic Number，通用号码；
PCRF 即 Policy and Charging Rules Function，策略和计费规则功能。

图 3–15　接口会话保持时间

参考ANSI（American National Standards Institute，美国标准学会）T1-TR-68-2001及其对业务QoS的要求与定义，当网络故障恢复时间超过200 ms时，用户能明显感知语音通话质量变差，如图3-16所示。

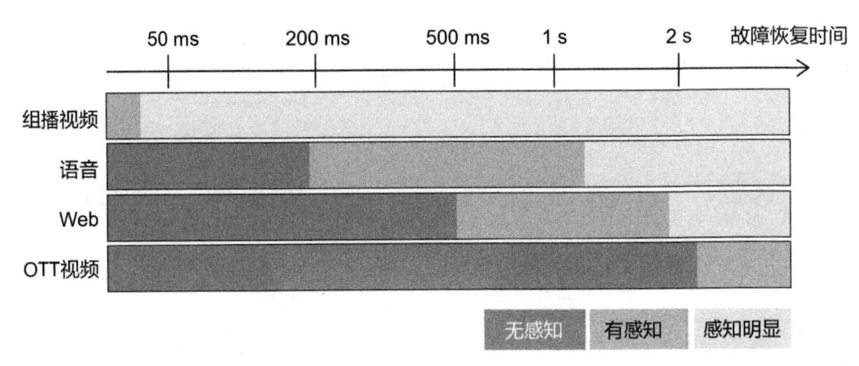

图 3–16　故障恢复时间示意

5G将使能千行百业，不同行业的业务SLA诉求不同，各类SLA诉求在NGMN（Next Generation Mobile Networks，下一代移动网络）中进行了详细的定义。多行业的不同业务和不同的SLA诉求，需要电信云同时承载和保障。

| 3.4　电信云中定义的 VPC |

传统的核心网中，MME、SGW/PGW、SBC（Session Border Controller，会话边界控制器）是由专门的硬件设备来承担的，是嵌入式软硬件结合的核心网专用设备。而当核心网VNF化之后，原先的硬件设备形态变成了以纯软件方式安装在TaiShan服务器上的App，使用软件的逻辑来完成传统核心网的功能。

VNF是一个运行核心网特定业务的虚拟化网元，如SBC、MME等。IPU、OMU（Operation and Maintenance Unit，操作维护单元）、SPU、SDU（Session Database Unit，会话数据库单元）等是VNF网元中完成具体业务功能的单元，每一类单元通常由一到多个虚拟机承载。

- IPU：接口处理单元，承担传统核心网设备中的接口板的角色，提供外部IP网络连接能力、虚拟网络交换能力、分配到各SPU VM的负载分担能力。
- OMU：操作维护单元，是VNF的操作维护中心，承担了传统核心网设备中的主控板的角色，提供南向接口、配置、告警、话统、日志、接入认证等OAM（Operation，Administration and Maintenance，操作、管理与维护）基础功能。
- SPU：业务处理单元，承担传统核心网设备中的业务板的角色，提供3GPP

和非3GPP定义的业务功能。

- SDU：会话数据库单元，承担传统核心网设备中的数据库角色，提供分布式上下文数据存取功能。

SPU负责计算处理，SDU完成所有状态数据的存储，为云化场景下实现高可靠性提供了基本保障。

如图3-17所示，NFV中使用一个VPC来标识一个功能网元。“VPC-S/PGW”是一个VPC，一个VPC定义了一类VNF网元（一类VNF网元通常由多个VNF网元组成）。这里的VPC定义和SDN数据中心中的VPC定义不同，电信云中VPC包含了存储、计算、网络完整的系统，如图3-18所示。

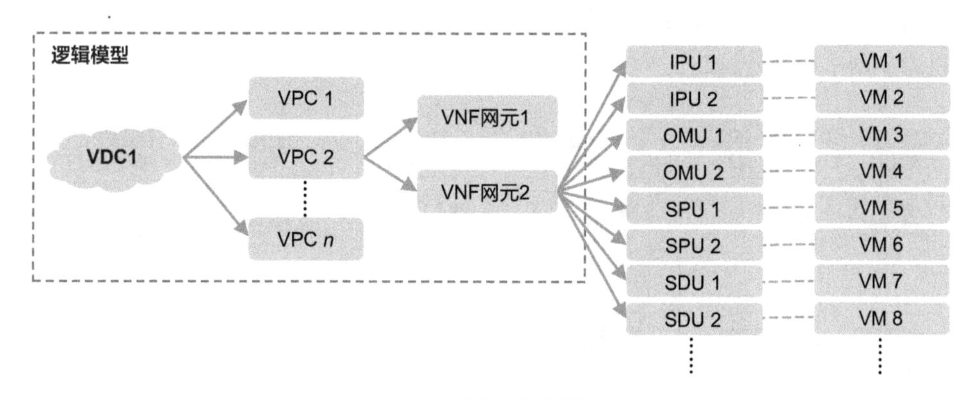

图 3-17　电信云逻辑模型

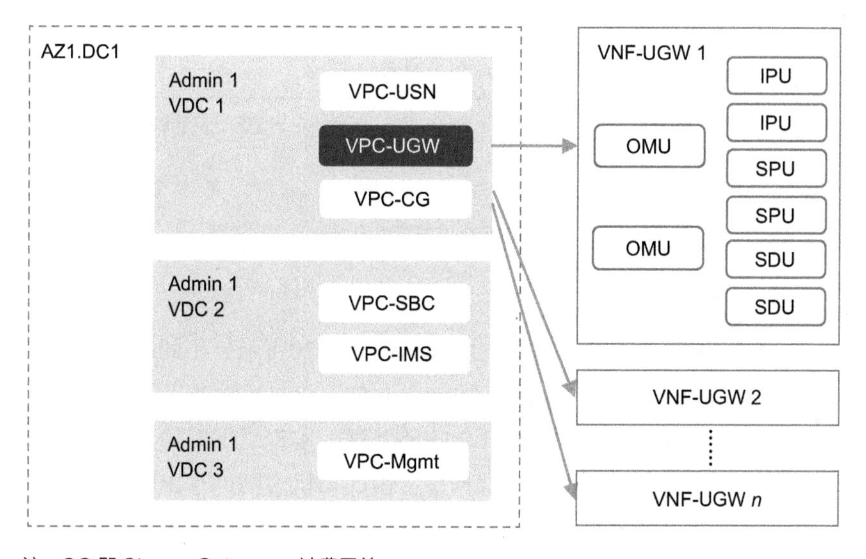

注：CG 即 Charge Gateway，计费网关。

图 3-18　电信云中的典型 VDC 与 VPC

1. 网络VPC模型在电信云中的适配

电信云的VPC中有路由型服务和主机型服务这两大类服务。

（1）路由型服务

电信云VPC中的路由型服务的逻辑模型如图3-19所示。IPU根据业务逻辑，需要对接外部多个不同的VRF。对于每一个VRF的网络对接需求，均在IPU VM中创建两个不同的Loopback接口，将这两个接口加入该VRF中，并分别通过不同的出口网卡连接到Leaf上，保证业务可靠性。这两条链路对应两个不同的Logical Switch，最终连接到一个Logical Router上。路由型服务需要在其VNF与数据中心网络设备间部署动态路由协议或者配置静态路由，将VNF内的业务路由发送给数据中心网络设备指导转发操作，此类VNF收发的数据报文并非均由虚拟机虚拟网卡IP进行封装。

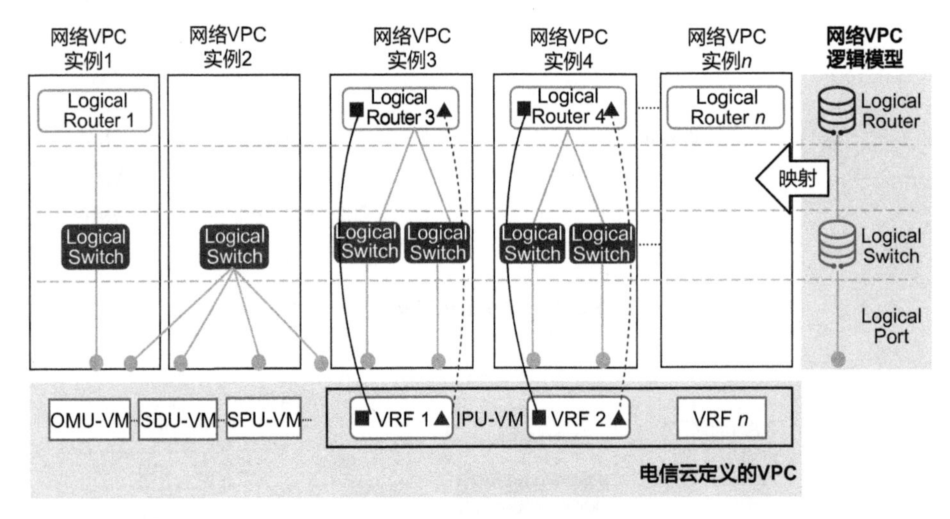

图3-19 电信云VPC中的路由型服务的逻辑模型

（2）主机型服务

电信云VPC中的主机型服务的逻辑模型如图3-20所示，不同的网络平面连接不同的Logical Switch。OMU通过一个Logical Switch与运维专用的Logical Router连接，然后OMU和VDU通过Logical Switch互联，实现二层互通。主机型服务与私有云数据中心的转发模型类似，数据报文由虚拟机虚拟网卡IP地址进行封装。

无论是主机型服务还是路由型服务，从SDN控制器的角度来看，业务模型依旧是“Logical Port—Logical Switch—Logical Router”的三元组模式，但是在适配路由型服务的业务特征时，电信云VPC模型与公有云VPC模型存在差异，差别如表3-3所示。

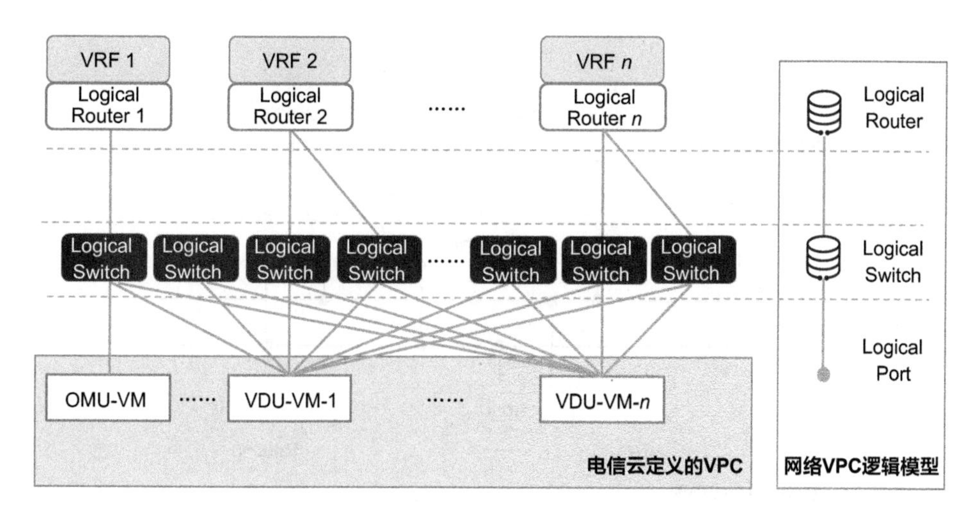

图 3-20　电信云 VPC 中的主机型服务的逻辑模型

表 3-3　电信云 VPC 模型与公有云 VPC 模型的差异

电信云场景	公有云场景
IPU 虚拟机需要与 Logical Router 之间运行 EBGP	虚拟机和 Logical Router 间不部署动态路由协议
VNF 网元承载了网络功能，因此一个 XXU 虚拟机的虚拟网卡可以发送携带不同 VLAN ID 的报文，接入多个 Logical Switch 和 Logical Router	一个虚拟机的虚拟网卡通常只发送不带 VLAN 标签的报文，每个虚拟网卡只能接入一个 Logical Switch 和一个 Logical Router
多个电信云的 VPC 可以连接同一个 Logical Router（VRF）	一个网络 VPC 通常对应一个 Logical Router（VRF）

2. VNF的架构模型

如图3-21所示，以云核VNF为例，多VM的VNF设备包含多种VM类型，每种VM类型可以基于业务需求弹性扩容为多个VM。

多种类型的VM形成以下不同的网络平面，有着不同的网络连接诉求。

- VNF O&M Network：VNF外部管理面，用于VNF和EMS/VNFM互联，采用IP通信，用于外部对网元的OM管理。
- vBase Network：内部管理网络，VNF内部管理面，采用L2通信。
- vFabric Network：内部数据网络，VNF内部业务面，用于VM间业务报文的转发，类似原来的交换网板+背板。
- vExternal Network：VNF外部业务面，用户和其他网元（VNF/PNF）互

联，一般包含多个业务网络（如Gi、Gn等），且网络间逻辑隔离，类似原来LPU和外部接口网络。

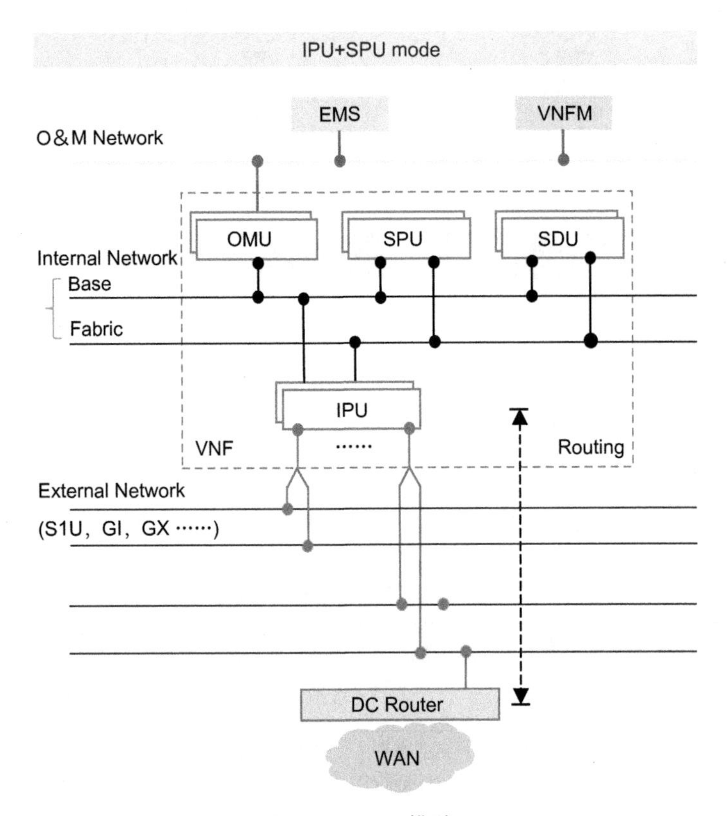

图 3-21 VNF 模型

每个VNF基本都会涉及如上4种类型的网络平面，VNF内部网络中VM之间的访问采用L2通信，对外访问的网络采用L3通信；每种类型的网络可能会有多个服务实例，如vUGW的vExternal Network，根据3GPP接口类型，如S1、S11、Sg、Gi、Gn等，每个服务接口就是一个VPN。具体说明见表3-4。

表 3-4 VM 类型及说明和部署策略

VM 类型	说明	部署策略
Operation Management Unit（OMU）	操作维护单元，提供VNF 系统管理	采用 1+1 主备方式，反亲和性部署，不需要弹性扩缩
Interface Processing Unit（IPU）	接口处理单元，提供与外部网络的 IP 连接	VM 之间负载分担，且采用无状态设计，可以支持多点故障。一般采用 N+1 冗余（反亲和性部署，一个 Server 最多部署 1 个 IPU），由多个 VM 组成，最多 64 个。VM 可以分布到多个 Leaf

续表

VM 类型	说明	部署策略
Service Process Unit（SPU）	业务处理单元，提供网元业务逻辑处理	负载分担，且采用无状态设计，可以支持多点故障。一般采用 *N*+2 冗余（弱反亲和性部署，一个 Server 最多可以部署 2 个 SPU）。类似于 S/PGW，由多个 VM 组成
Session Database Unit（SDU）	会话数据库单元，存储用户会话信息等	负载分担，由于会话上下文一般按 1+1 主备方式备份到不同的 SDU，要求 SDU 反亲和性部署
Interface&Service Unit（ISU）	接口和业务单元	负载分担，且采用无状态设计，可以支持多点故障。一般采用 *N*+2 冗余（弱反亲和性部署，一个 Server 最多可以部署 2 个 ISU）。类似于 S/PGW，由多个 VM 组成，最多 64 个

3. VNF路由对接设计

VNF除了单VM和多VM两种形态外，每个VNF同时提供主机型和路由型两种服务，如图3-22所示，对应的VNF的IP接口主要分为路由型接口和主机型接口两类。

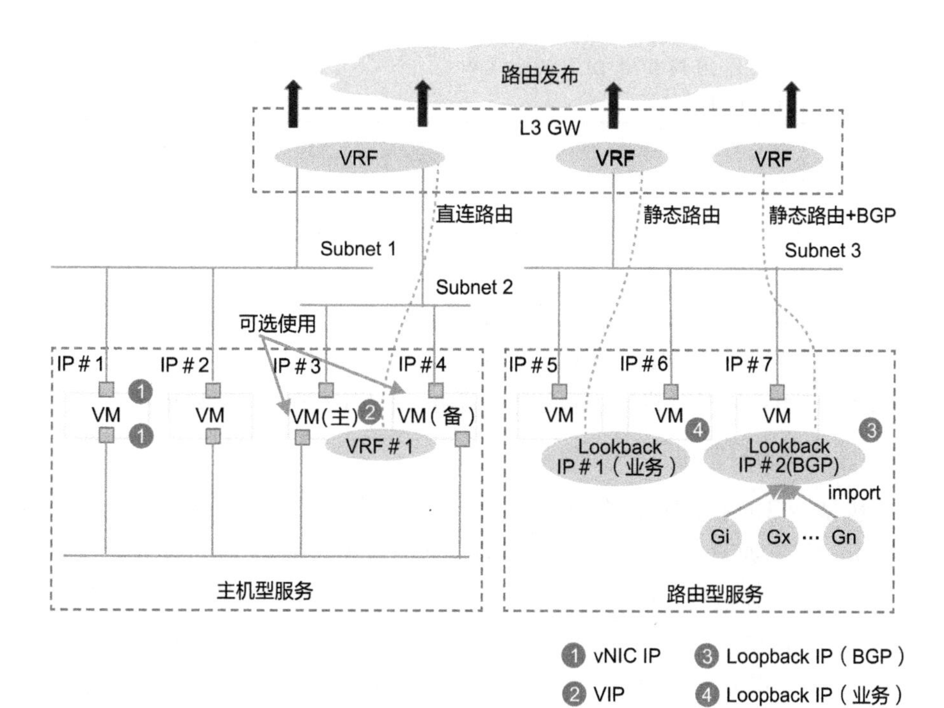

图 3-22　VNF 的 IP 接口类型

- 路由型接口是指该接口IP和vNIC IP处于不同网段，此时DC网络的L3 GW需配置非直连路由（如静态路由或BGP动态路由），并将vNIC IP作为下一跳才能访问该接口的IP。
- 主机型接口是指该接口IP和DC网络的L3 GW共网段，L3 GW通过直连路由即可访问该接口，具体包括vNIC IP和VIP两种方式。

针对这两类接口，需要用到的IP类型又可以分为vNIC IP、VIP、Loopback IP（for BGP）、Loopback IP（for Service），具体描述见表3-5。

表 3-5　VNF 接口用到的 IP 类型

IP 类型	定义	典型应用	备注
vNIC IP	VNF 内部 VM 间通信或 VNF 直接使用该 IP 与其他网元通信	VNF 内部通信	—
VIP	一个或多个 vNIC 共享一个 IP 地址（主备方式）	OM 接口 / 主机型服务的业务接口	每个 vNIC 仍可以有专属的 vNIC IP，但 VIP 的可达性不依赖 vNIC IP
Loopback IP（for BGP）	多个 VM 共享该 IP，通过一个或多个 vNIC IP（负载分担）到达该 IP，VNF 使用该 IP 和 DCN 的 L3 GW 建立 BGP 会话	BGP peer	—
Loopback IP（for Service）	多个 VM 共享该 IP，通过一个或多个 vNIC IP（负载分担）到达该 IP，为 VNF 对外通信的业务地址	路由型接口的业务 IP	不推荐，推荐业务 IP 通过 BGP 发布

DCN网络提供如下两种路由发布方式。

- 静态路由：用于配置建立BGP会话的Loopback IP路由（推荐），也可用于直接配置VNF业务IP路由（如单VM的vNIC IP路由）。
- 动态路由：用于发布VNF的业务IP路由，包括UE地址段（如BGP）。

4. 主机型接口路由发布模式设计

主机型接口的业务IP配置在vNIC上（业务IP就是vNIC IP或VIP），用于和对端网元对接。如图3-23所示，由于涉及网元间对接，业务IP由网络设计人员提前规划，IP地址通过VNFD模板指定或业务网管EMS配置，业务IP和vNIC连接的Subnet为同网段IP。

- 业务IP采用vNIC IP模式时，网络根据ARP（Address Resolution Protocol，地址解析协议）和ND（Neighbor Discovery，邻居发现）报文自动学习IP/MAC信息，形成转发表项。

- 业务IP采用VIP模式时，通常采用主备VM方式部署，主备VM共用一个业务（VIP）地址，VIP地址默认绑定主用VM的vNIC，当主用VM发生故障时，VIP倒换到备用VM，此时对外VIP不变，在端口主备倒换时，需要VNF主动发送ARP/ND报文，触发网络刷新转发表项。

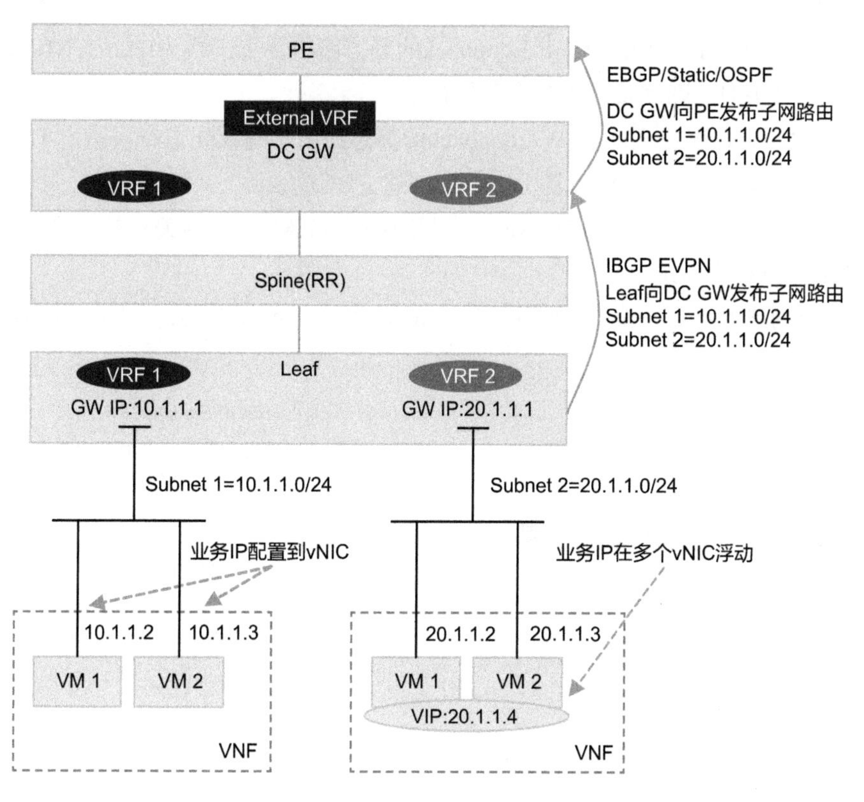

注：IBGP 即 Internal Border Gateway Protocol，内部边界网关协议。

图 3-23　主机型接口的业务 IP 配置

5. 路由型接口路由发布模式设计

对于普通路由型接口，采用多个VM进行负载分担，多个VM共享同一个Loopback IP，通过在DC GW配置目的IP为该Loopback IP，配置静态路由的下一跳是每个负载分担的VM对应的vNIC或子接口IP地址的静态路由，实现业务的负载分担。对于动态路由型接口，多个VM对外呈现同一个Loopback IP，此时该Loopback IP需要和DC GW的Loopback IP建立EBGP邻居，对外发布路由。其中，发布路由包括DC GW上学习到的VNF的Loopback IP地址以及由VNF发布的UE地址池IP信息。因此，当网络的用户访问Loopback IP或者UE地址池IP时，

DC GW上可以通过查找路由表，查找到达目的IP的下一跳为vNIC IP或者子接口IP。电信云使用的路由型接口主要为动态路由型接口，下面将重点讲述动态路由型接口的设计。

路由型VNF基于Loopback IP和DC GW建立EBGP会话，用于发布和学习业务路由，步骤如下。

首先，DC GW配置到VNF Loopback的静态路由，下一跳为IPU的vNIC IP，如果有多个IPU，则需要配置多个等价路由。

其次，VNF配置到DC GW Loopback的静态路由（建议配置缺省路由）。

最后，VNF和DC GW间基于Loopback建立BGP会话。

网元可以采用单网络（VLAN）或双网络（VLAN）和网关对接，网元可根据情况选择对接方式。

- 单网络对接：一个VM使用一个vNIC IP和L3 GW IP对接，如图3-24所示。

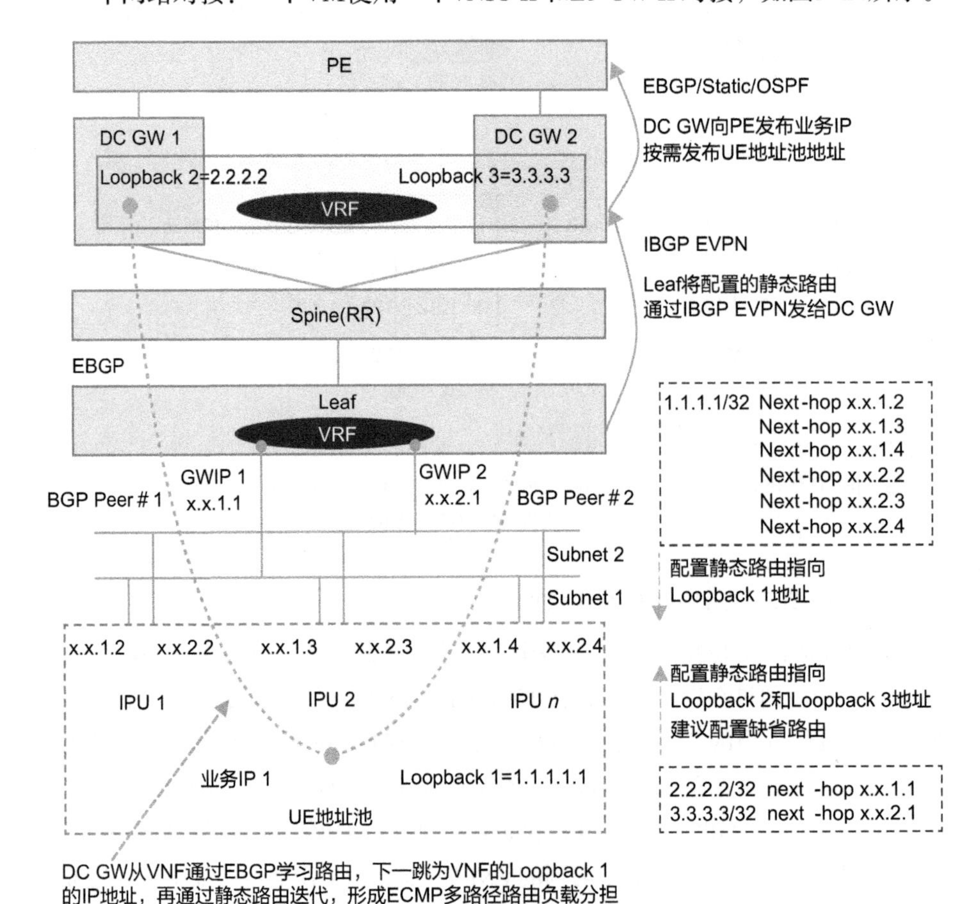

图 3-24　单网络对接模型 BGP 组网

- 双网络对接：一个VM使用两个vNIC IP（不同VLAN），分别和两个L3 GW IP对接，如图3-25所示。

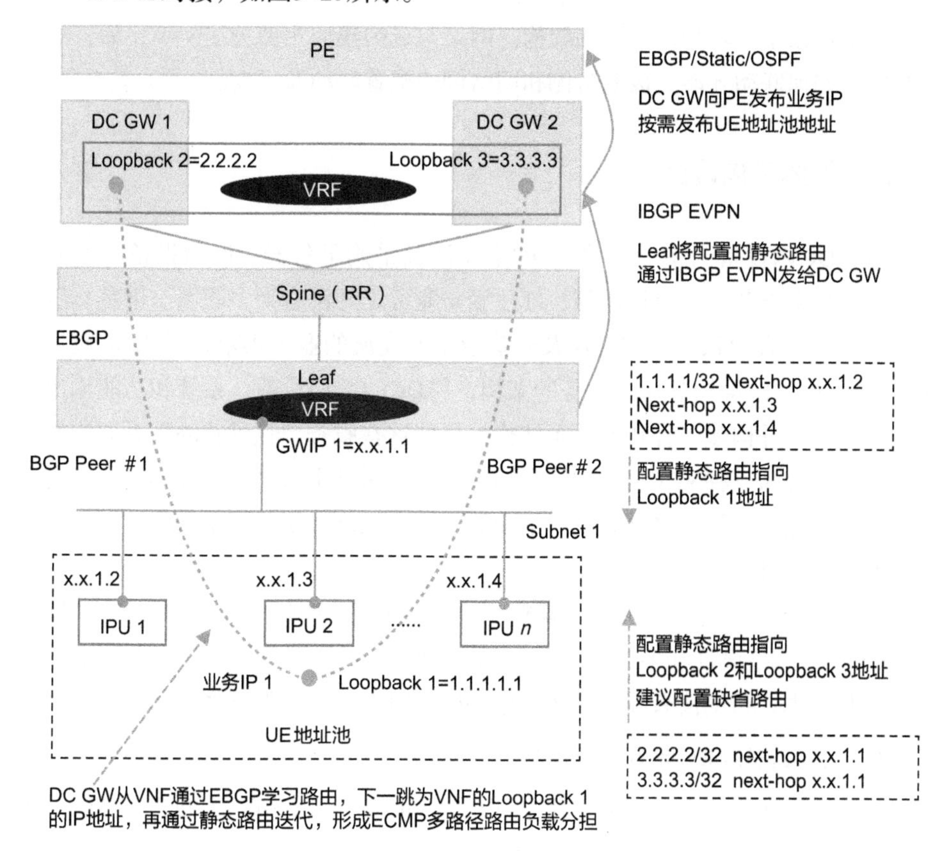

图 3-25　双网络对接模型 BGP 组网

不管是单网络对接模型还是双网络对接模型，一个VRF始终会有两个Loopback地址（两个DC GW各对应一个），用于VNF与两个DC GW之间建立两路BGP会话。

DC GW从VNF学习BGP路由，下一跳为VNF的Loopback IP，然后再通过静态路由迭代，形成ECMP（Equal Cost Multipath，等价多路径）路由负荷分担。VNF从DC GW学习BGP路由，原理同DC GW。

3.5　电信云数据中心网络架构设计

电信云数据中心网络架构设计主要从整体架构设计和网络与云的集成两方面

考虑。

整体架构设计主要是基于电信云网络的业务，涉及网络的物理架构、逻辑架构以及多数据中心场景下网络的架构。网络与云的集成主要关注NFV化后，需要云和网络如何联动才能完成业务侧和网络侧的配置联动及下发。

3.5.1 整体架构设计

传统DC以设备为中心，建立DC主要涉及采购服务器、网络设备、存储设备、负载均衡设备、安全设备等，IT技术与业务之间没有太多联系。但是，各自独立、规模庞大的系统通常无法及时响应快速发展的业务需求，云化DC应运而生。云化DC网络架构是面向服务的架构，将DC的一切设备、系统和功能输出视作一种服务，并构建一种新的体系结构来管理这些服务。这种新的体系架构在电信云中将演变为一种NFV与SDN结合的架构，采用云平台对计算和网络资源进行统一管理，虚拟化平台将计算业务下发后，通知网络控制器，由网络控制器下发对应的网络业务，做到云网联动。

本节重点从电信云业务部署策略、电信云物理组网方案、Underlay网络设计、Overlay网络设计和多DC网络设计等方面，阐述电信云方案设计与部署的一些原则和考虑，帮助读者在设计数据中心网络时做出合理的选择。

1. 电信云多级DC业务部署策略

随着网络业务节点逐渐NFV化［vEPC（virtualized Evolved Packet Core，虚拟演进型分组核心网），vBNG］，运营商开始进行电信云建设。随着5G时代的来临，业务对低时延的要求越来越高，边缘计算开始兴起，运营商的电信云也呈现分布式和层次化的结构，当前主流的电信云建网思路是建设三级电信云，如图3-26所示。

- CDC：部署在骨干核心位置，主要部署控制、信令和管理等核心网元和系统，如5GC（5G Core Network，5G核心网）、IMS、MME、AAA（Authentication，Authorization and Accounting，身份认证、授权和记账协议）、OSS等。

  特点：DC数量少、规模大，多为管理控制面等主机型服务。

- RDC：部署在城域骨干位置，作为主要的业务接入点，是业务用户面（vUPF、vEPC、vBNG等）的主要承载位置。

  特点：DC数量较多、规模较大，对DC的转发能力要求高，主机型/路由型服务并存。

- EDC/Mini EDC：部署在城域边缘位置，将业务网关下沉，用于减少流量绕行并提供低时延业务，如5G CU分离后的UPF、vOLT、继续下沉的CDN、MEC等。
  特点：DC随业务需要建立，可能与CO共用机房，数量众多，DC本身规模不大，服务器数量多在1和32个之间。

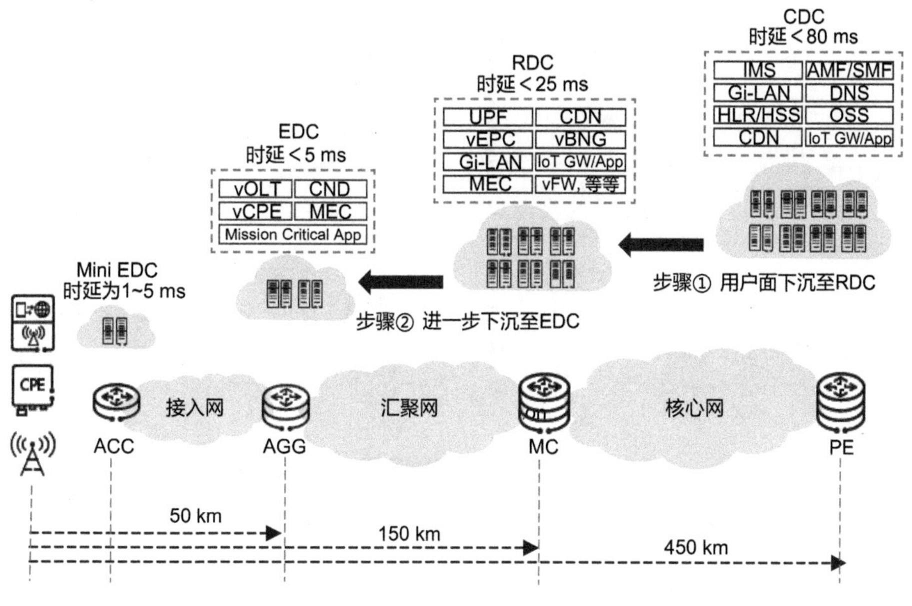

图 3-26　主流的电信云建网思路

2. 电信云DC内物理组网方案

电信云DC的多级部署组网架构如图3-27所示。

电信云DC是基于Spine-Leaf架构的。根据电信云业务的诉求，电信云业务下沉的网络位置，主要有如下几种模式的典型物理组网拓扑。

（1）模式一：PE、DC GW、Spine、Leaf分设

此模式的特点是适用于独立建设运维，具有一定规模且未来有较大规模扩容诉求的云数据中心；网络层级清晰，扩容灵活，DC和WAN解耦，DC GW与PE独立设置；DC主要部署在骨干与城域出口的位置，DC内部采用标准的Spine-Leaf架构，管理面和存储面与业务面隔离。

（2）模式二：PE和DC GW合设

此模式的特点是DC GW复用WAN PE，降低成本；适用于DC和WAN统一建设和运维，具有一定规模且未来有较大规模扩容诉求的云数据中心。

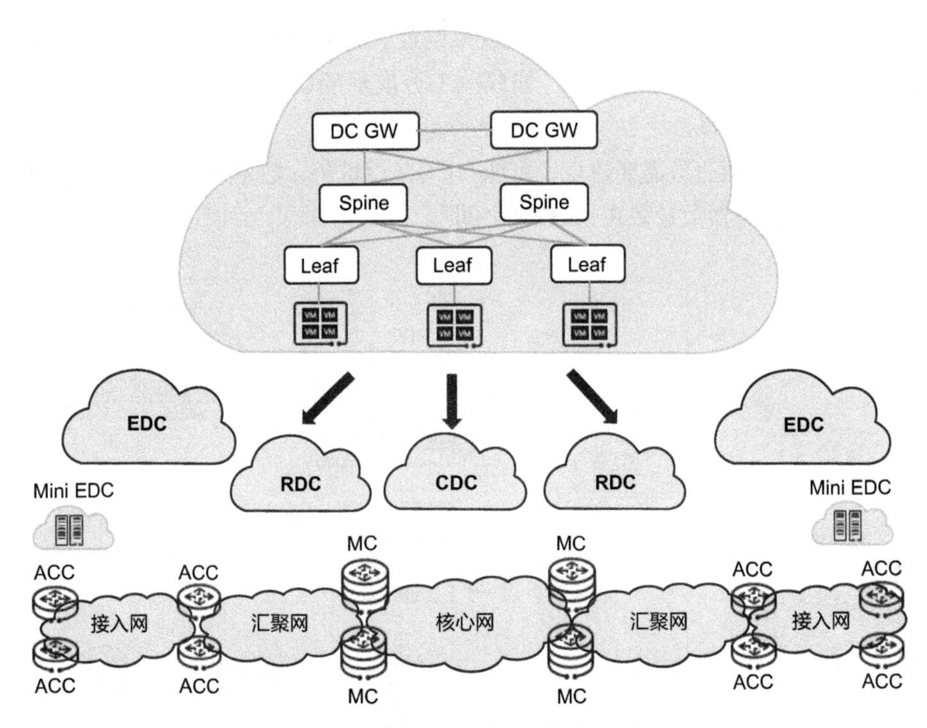

图 3-27　电信云 DC 的多级部署组网架构

（3）模式三：DC GW和Spine合设

此模式的特点是DC GW和Spine合设，适用于规模较小、未来扩容空间有限的云数据中心。

（4）模式四：DC GW、Spine、Leaf合设

此模式的特点是DC扁平化，DC GW和Spine、Leaf合设，适用于小型数据中心。

（5）模式五：服务器直接连接WAN PE

此模式的特点是DC与WAN融合，服务器直接连接，适合MEC或者少量服务器直接接入网络的场景。

DC中只存在少量Server且无扩容规划的情况，可以考虑服务器直接连接外部PE。但在两个AGG的机房位置不同的情况下，服务器难以拉远双归到AGG，根据服务器挂接的位置，可以分为两种服务器直接连接的方式：服务器双归直接连接和服务器单归直接连接。

（6）模式六：Remote-Leaf组网

此模式的特点是微小DC的网络规模比较小，通常由一对网络设备组成；Remote-Leaf机房空间小，分散在不同的位置，本地化管理成本高，需要远程集

中式管理；一对设备作为主DC的Leaf节点，与主DC的其他网络设备在逻辑上组成一个Spine-Leaf网络；能够将主DC的自动化能力延伸到微小DC，将多个微小DC看作分散在不同地理位置上的Leaf，从而极大地简化多个微小DC的管理和业务开通。

Remote-Leaf与主DC中间跨越网络，物理没有直接连接，Remote-Leaf作为主DC的一对拉远的Leaf，如图3-28所示。

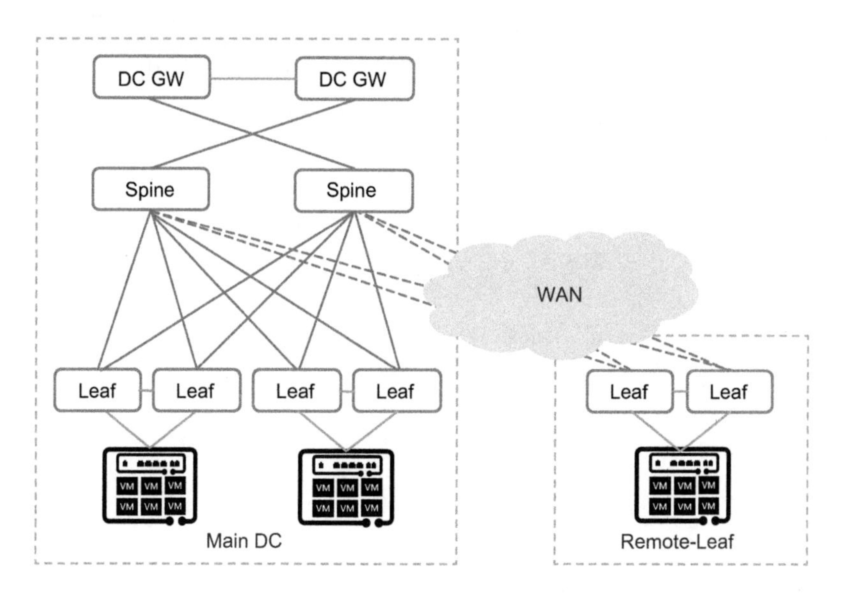

图 3-28　Remote-Leaf 组网示意

各级电信云网络物理组网采用的模式建议如下。

- CDC（Central DC）：采用DC GW+Spine+Leaf分设结构，提升可扩展性。
- RDC（Regional DC）：根据DC的大小，综合考虑可扩展性，采用DC GW+Spine+Leaf分设结构或者DC GW和Spine合设结构。
- EDC（Edge DC）：中型DC采用DC GW+Leaf双层组网结构，小型DC采用单层DC GW/Spine/Leaf合设组网结构。
- Mini EDC：服务器在接入网络侧或者汇聚网络侧直接连接。

对于希望WAN与DC融合、运维和管理统一的客户，可以考虑WAN PE与DC GW合设；对于存在多级Spine组网的诉求，推荐选择两级Spine组网，并使用DC GW和Super-Spine合设的Multi-PoD组网方案；对于只有一对Leaf的小DC，同时存在大DC的情况，可以采用Remote-Leaf组网方案，简化小微DC的管理与业务开通。

3. Underlay网络设计

为了实现Fabric网络内部Spine-Leaf架构各节点之间Underlay IP互通，需要在Underlay层面部署三层路由，完成互联接口地址、Loopback地址的IP路由互通。VXLAN中，在Underlay网络中建议采用OSPF路由协议，并使用Loopback地址作为VTEP IP。

如图3-29所示，在Spine/Leaf二层架构的硬件分布式VXLAN架构和DC GW/Spine/Leaf三层架构的硬件分布式VXLAN的架构中，所有设备统一规划在OSPF Area 0，使用三层路由口地址建立OSPF邻居，打通Underlay路由，Network类型建议采用P2P。每台设备使用Loopback地址作为Router-ID。

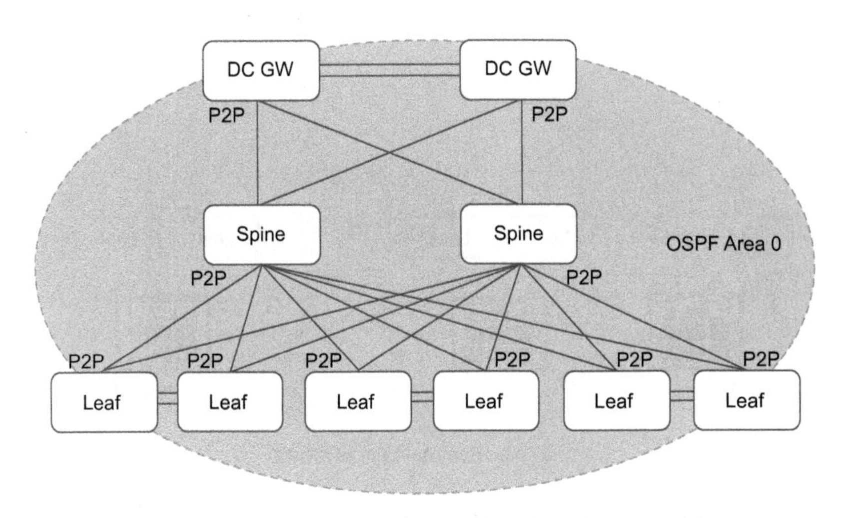

图 3-29 DC GW/Spine/Leaf VXLAN 的 Underlay 采用 OSPF 路由

4. Overlay网络设计

如图3-30所示，业务区使用IBGP EVPN作为Overlay层的路由协议。所有Leaf、Spine、DC GW规划到同一个AS中，使用RR（Router Reflector，路由反射器）减少IBGP邻居会话的数量。将Spine作为IBGP EVPN的RR，Leaf作为路由反射器的客户端（DC GW不作为反射器客户端，避免通过RR学到多个路由），与RR分别建立IBGP邻居。Leaf、Spine和DC GW使用独立的Loopback地址建立EVPN对等体。有4个或者更多Spine设备时，建议规划2个RR，控制RR的数量和邻居数是为了缓解网络路由处理的压力。部署IBGP时，使用Loopback地址建立IBGP邻居，可充分利用ECMP冗余路径提高可靠性。

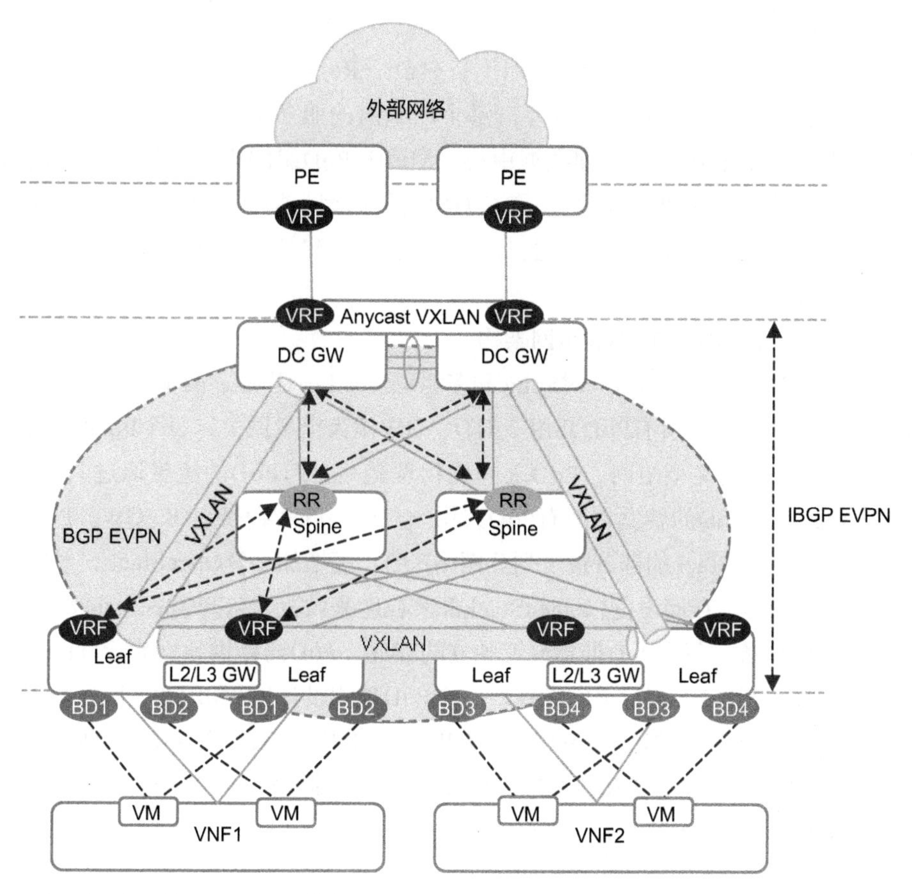

注：BD 即 Bridge Domain，桥接域。

图 3-30　业务区 Overlay 路由

IBGP EVPN提供自动建立VXLAN隧道的功能，EVPN实现设备间信息的自动交互，从而建立VXLAN隧道；提供MAC地址和IP路由发布功能，EVPN可以同时发布二层MAC和三层路由信息。这样可以减少网络中泛洪流量。

对于业务规模较小且后续没有扩容诉求的站点，可以采用二层架构组网。Spine和DC GW合一，DC GW既负责南北向流量出口网关，也负责东西向流量的Underlay转发。RR反射器部署在DC GW节点，与所有Leaf节点建立BGP EVPN对等体。部署两层架构时，应注意对于通过DC GW之间的BGP EVPN所学到的UE路由，需要采用路由策略来进行抑制，不能再发布给Leaf，否则会造成Leaf节点上存在多个下一跳的结果，流量会绕行。

5. 多DC网络设计

电信云Multi-PoD承载网方案主要针对分层解耦场景，iMaster NCE-Fabric

（DC Controller）北向采用Neutron+Extension API与三方OpenStack集成（需三方OpenStack支持Extension API），Multi-PoD组网适用于中上等规模的DC，服务器规模为512～1024台，每个PoD内的服务器一般控制在256台以下，多个PoD集中在一个物理数据中心。Multi-PoD组网规模与配套基础设施（供电、制冷、机房机架数量）、DC GW设备选型、每个PoD接入服务器的能力、每个PoD的业务流量带宽、业务收敛比有关，建议具体项目按实际情况和需求做具体计算。

（1）Multi-PoD共DC GW组网架构

如图3-31所示，PoD由一对Spine和多组Server Leaf构成，两个Server Leaf组成一个业务Leaf组。所有PoD共用一对DC GW作为出口网关，每个PoD的Spine对和DC GW组交叉型组网，PoD之间无物理链路，跨PoD的流量通过共用DC GW进行到其他PoD的转发。所有PoD共用一对FW，FW旁接到DC GW。PoD扩展原则是以OpenStack的部署粒度划分网络PoD，每增加一套OpenStack，对应增加一个网络PoD。存储设备以OpenStack部署粒度来设置，每套OpenStack配套部署一套存储设备。每个PoD推荐设置独立的存储，PoD内提供独立的管理Leaf。管理网络按照标准DC进行组网设计。每个PoD独立设计IGP和BGP。跨PoD的管理网络互通，可以通过每个PoD在DC GW上的MNG_VRF，按照L3共享外部出口网关模型连接，并实现互访互通。PoD 1作为基础PoD，部署一套NFVO、一套VNFM和一套iMaster NCE-Fabric。

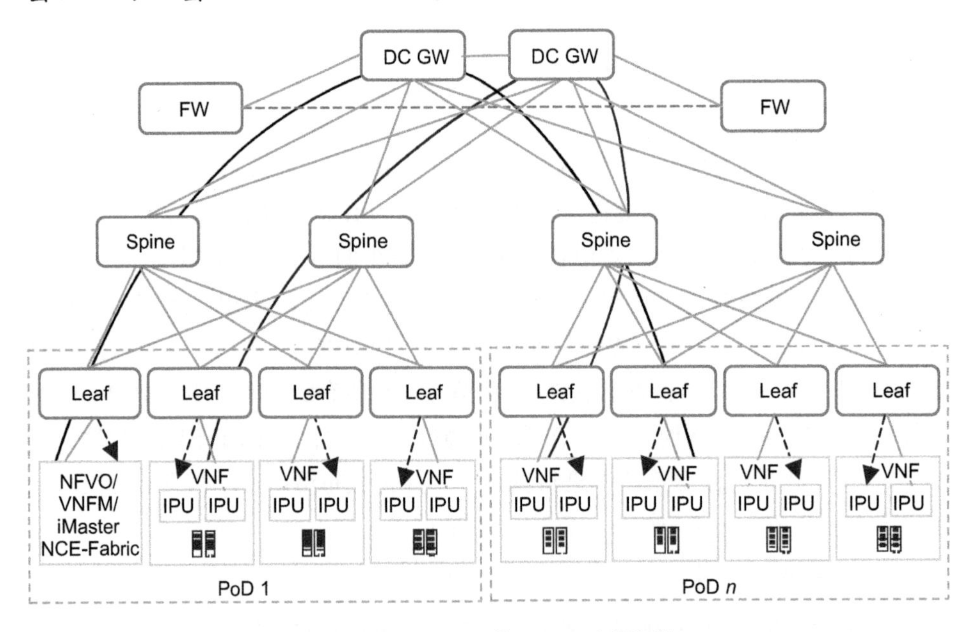

图3-31 Multi-PoD共DC GW组网架构

（2）Multi-PoD组网Underlay网络设计

如图3-32所示，单PoD内采用OSPF Area *n*部署OSPF，*n*是PoD的序号，Spine与DC GW之间采用OSPF Area 0部署OSPF。多个PoD共用一个AS Number。每个PoD通过Spine将DC GW的Underlay路由引入本PoD的OSPF Area *n*中。同样，通过Spine将本PoD的Server Leaf的Underlay网络路由发布给DC GW。每个PoD内，都在一对Spine上部署BGP RR，下挂的Server Leaf作为BGP Client。DC GW与Spine建立普通的IBGP peer。

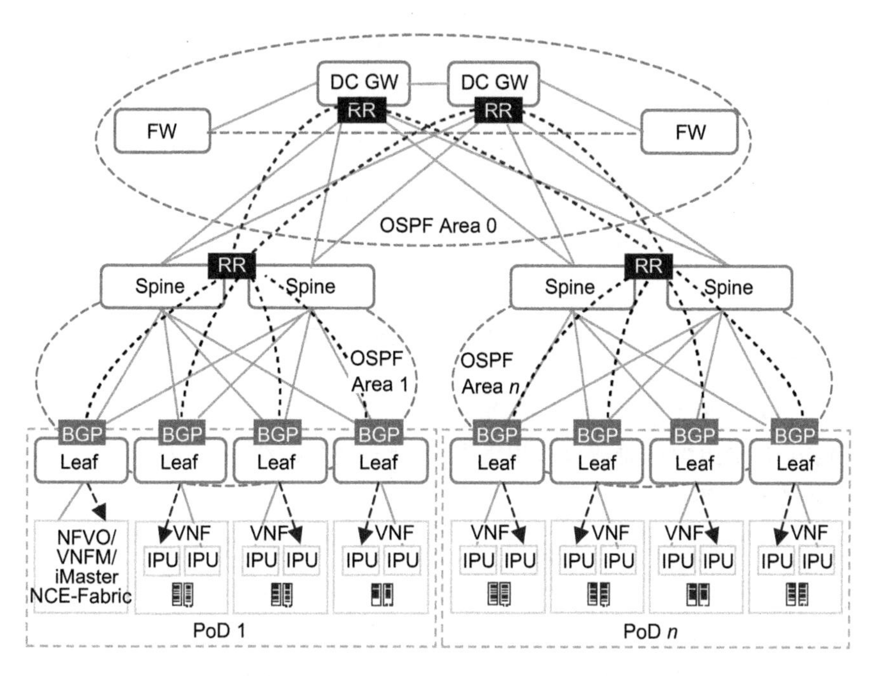

图 3-32　Multi-PoD 组网 Underlay 网络设计

（3）Multi-PoD组网Overlay网络设计

如图3-33所示，每个PoD内部Server Leaf与Server Leaf间按照一跳VXLAN部署，即从源Server Leaf封装VXLAN隧道，目标Server Leaf解封装VXLAN隧道，然后在本地进行二层/三层转发。每个业务二层网络分配一个L2 EVPN实例，相应分配一个VNI、一个RT（Remote Terminal，远程终端），每个L3业务网络分配一个L3 EVPN实例，同时相应分配一个VNI、一个RT。跨PoD互联，采用端到端VXLAN方案，即从源PoD的Server Leaf到目的PoD的Server Leaf的VXLAN，此场景流量需要绕行DC GW。

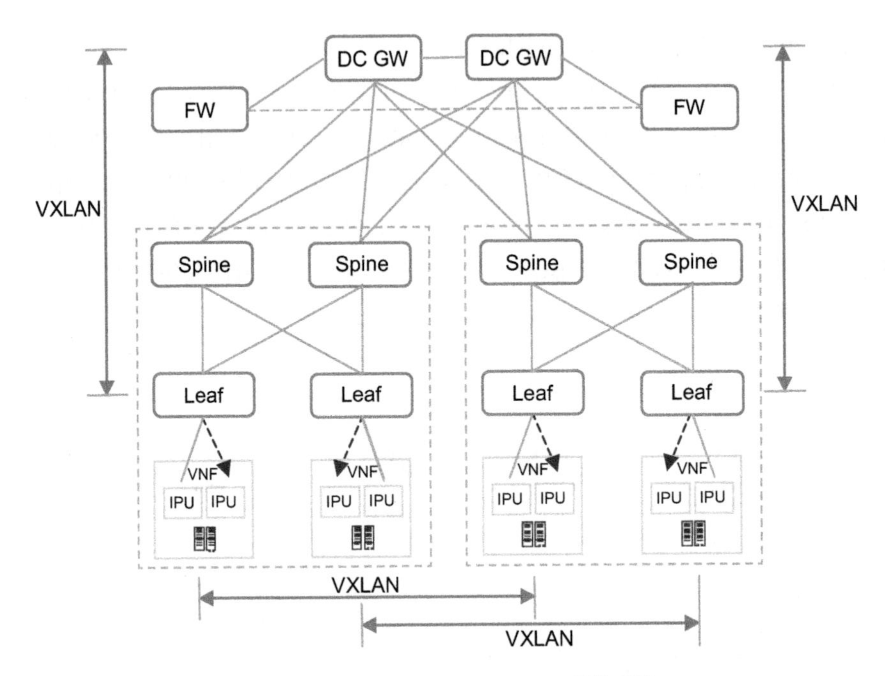

图 3-33　Multi-PoD 组网 Overlay 网络设计

（4）Multi-PoD组网管理/存储网络设计

Multi-PoD组网场景建议采用管理/存储与业务网络融合组网方案，Multi-PoD管理/存储网络设计如下。

PoD 1为初始网络，iMaster NCE-Fabric控制器需要部署在该PoD中，并通过Underlay路由纳管所有PoD中的DCN网元；iMaster NCE-Fabric纳管DCN网元后，即可通过iMaster NCE-Fabric的业务发放界面创建管理/存储网络。

每个PoD独立部署一套OpenStack，每个PoD中的主机资源池I层管理地址不能重叠，以避免通过Ext MNG VRF泄露；如需重叠，建议通过旁挂DC GW的FW做NAT。

在DC GW上，创建一个公共的OM VRF（MANO/EMS接口路由），同时为每个PoD创建一个MNG VRF（iMaster NCE-Fabric北向接口路由、eSight南向接口路由、OpenStack南北向接口路由），并共享同一个L3出口外部网关VRF，即Ext MNG VRF。

eSight需通过DC GW纳管DCN网元，即各PoD的MNG VRF需与Public Underlay路由通过静态路由方式互引，需要将DCN网元的回送前缀路由引入MNG VRF中，同时需要将eSight南向接口路由前缀发布至Public Underlay路由中。

通过L3共享出口外部网关（Ext MNG VRF），实现PoD间管控系统的互通，主要包括：iMaster NCE-Fabric主备集群间通信，iMaster NCE-Fabric主备集群与各PoD中的OpenStack通信，MANO/EMS主备集群间通信，MANO/EMS主备集群与各PoD中的OpenStack通信。建议组建独立的带外管理网络，统一接入所有PoD的存储/计算服务器的BMC（Baseboard Management Controller，基板管理控制器）和DCN网元的管理接口，具体组网方案参考融合组网下的管理/存储网络设计方案。

（5）Multi-PoD组网SDN自动化配套设计

电信云分层解耦场景下采用Multi-PoD组网方案，iMaster NCE-Fabric与三方OpenStack配套和部署遵循如下原则：从iMaster NCE-Fabric的管理域上将所有PoD划分到一个Fabric，建议将一个PoD内的Server资源池划分为一个AZ，即一个PoD对应一个IT的AZ，由一个OpenStack进行管理，所以PoD下的Server，可以是每个PoD部署一个OpenStack，只管理PoD内的Server，如果是单个OpenStack的部署，与标准DC方案相同，这里不再赘述。

以下主要针对多个OpenStack（当前版本iMaster NCE-Fabric支持对接8套OpenStack）部署的场景进行设计。当多个OpenStack对接iMaster NCE-Fabric时，iMaster NCE-Fabric为每个OpenStack预留一个VNI段，VLAN资源不做限制，每个OpenStack域内可按照单DC模式规划VLAN。VNF单网元不跨PoD部署，即VNF不存在跨PoD的VM扩容和迁移。单VNF网元使用独立的逻辑网关vRouter。不存在跨PoD的多VNF网元共用逻辑网关vRouter。所有PoD承载的业务采用相同的分布式网关模式，二层透传业务和三层网关业务可共存。单VNF部署按照单PoD原则设计部署方案，不同的VNF可部署在不同PoD内，不同的VNF通过各自的逻辑网关vRouter进行互通，即以VNF1—vRouter1—vRouter2—VNF2这样的业务关系进行部署。当前版本仅支持跨PoD场景下不同VNF的互通，需要绕行外部网络。如果要基于DC GW实现互访，此时需要三方NFVO/NSD支持基于同一台DC GW的跨VPC互访，即在DC GW实现本地VPC Connect。

SDN自动化流程如下。NFVO定义业务拓扑关系，VNF按照单DC模式下发到对应的OpenStack。OpenStack在本AZ下创建VM和逻辑网络。iMaster NCE-Fabric为每个PoD业务创建独立的Network和vRouter。NFVO定义VNF互联拓扑，将需要互联的vRouter加入同一个BGP VPN中，分配BGP VPN的互联RT，分别下发到vRouter的归属的OpenStack。每个OpenStack将BGP VPN部分数据下发给iMaster NCE-Fabric，iMaster NCE-Fabric将同一个BGP VPN ID的数据进行合并，并给每个vRouter增加互联RT。

3.5.2 网络与云的集成方案

1. 端到端集成方案

网元进行NFV后，目前VNF在安装部署过程中通过OpenStack来创建子网资源，如果没有引入SDN，仍需要人工登录交换机、路由器等设备配置网络参数（包括VLAN、IP等）。以vEPC典型部署为例，需要配置数十个网段、数百个IP地址。人工配置不但部署效率低，而且容易出错。NFV引入SDN最基本的目的是实现VNF连接自动化，最终协助客户实现业务端到端的自动化部署开通。SDN控制器在ETSI NFV架构中的位置如图3-34所示，SDN控制器管理网络设备，包括Leaf、DC网关等，并且控制器提供与VIM（如OpenStack Neutron）对接的API，接收VIM发送的网络配置参数。

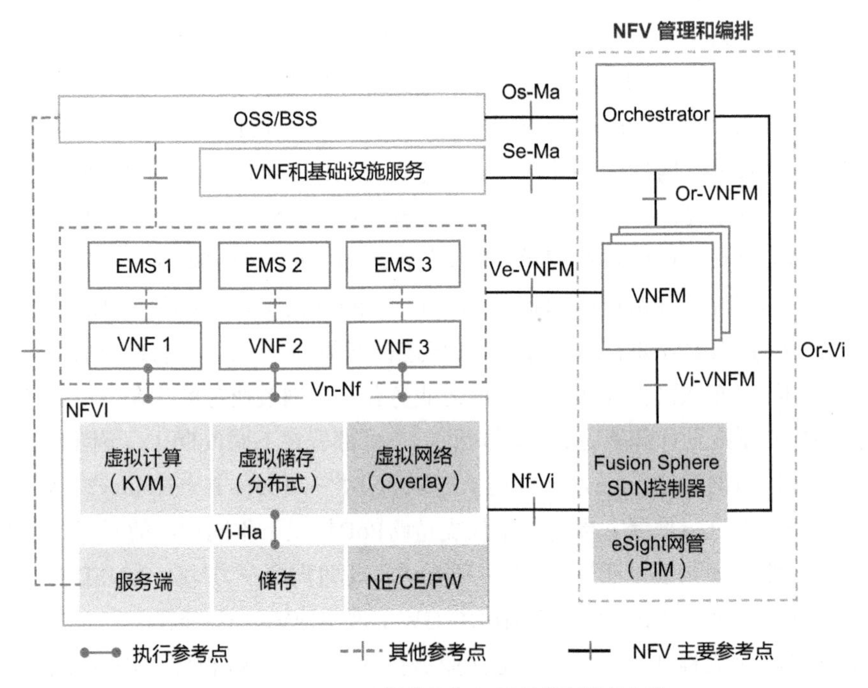

图 3-34 ETSI 标准架构中 SDN 控制器的位置

电信云方案通过VIM（如OpenStack）和SDN控制器来实现数据中心内网络的自动化，并逐步扩展跨DC互联网络自动化，即网络自动化控制的范围为从VM到DC GW上行端口。通过引入SDN自动化配置逻辑网络、IP地址和路由参数等，同时将VNF部署和逻辑网络配置联动起来，避免了人工配置，提高了VNF部署的效率。SDN架构管控组件如表3-6所示。

表 3-6　SDN 架构管控组件

组件	功能
OpenStackOM	云管理平台，电信云场景缺省使用 OpenStackOM
NFVO	使用规划的 NSD 文件定义 VNF 连接需求，完成 VNF 接入逻辑网络的构建、VNF 间的网络连接，并进行业务的生命周期管理
VNFM	使用规划的 VNFD 文件定义 VNF 内部网络需求，完成 VNF 内部网络连接及 VNF-VM 的接入，并进行 VNF 的生命周期管理
VIM	分配 VNF-VM 的资源池，作为计算、存储、网络虚拟资源管理组件，VIM 提供遵循 OpenStack 标准的资源服务化接口
SDN 控制器	完成逻辑网络到物理网络的映射，完成资源角色纳管预配置以及外部网络具体设置
PIM	DC 内设备统一监控平台

DC Fabric网络由Leaf、Spine、DC GW等网络设备组成，各角色的功能定位如表3-7所示。

表 3-7　DC Fabric 网络设备角色

设备角色	功能定位
Leaf	Fabric 网络和服务器、虚拟机的边界，Overlay 隧道端点
Spine	为 Leaf 和 DC GW 之间提供 Underlay IP 互联，该设备不感知逻辑网络；是 Fabric 网络的交换中枢，决定 Fabric 的交换容量和可扩展性
DC GW	DC 和 WAN 边界路由设备，负责南北流量转发和路由发布
存储 / 管理 ToR	存储 / 管理 ToR 连接服务器和磁阵
存储 / 管理 EoR	作为独立 EoR 设备，连接多个存储管理 ToR 进行 DC 规模扩展；用于存储和 I 层管理的 L3 GW 部署在 MS-EOR 上；不建议 MS-ToR 和 MS-EoR 合一部署
带外管理 ToR	带外设备管理 ToR，连接计算、存储和网络设备的管理网口，提供带外管理通道
PE	WAN 边界，一般重用现网设备，不在 DC 网络的范围内

采用VXLAN技术构建NFVI Fabric网络，方案设计分为Underlay承载网设计以及Overlay网络设计两大部分：Underlay采用三层路由方式，实现Spine和Leaf节点之间IP的连通性；Overlay采用VXLAN技术，利用控制面协议（EVPN）进行控制面路由学习。针对路由型服务，DCN需要感知VNF的业务路由，DCN需要通过EBGP学习VNF业务路由。

网络划分为三个平面，如图3-35所示。

• Underlay网络层：用于承载上层Overlay网络转发的物理网络，采用IP组网技术，因此需要学习设备之间的互联接口和链路信息，这部分路由为链路路由。

- Overlay网络层：DCN的承载隧道层，以VXLAN为例，需要构建从Leaf到DC GW的隧道，需要学习VM的IP/MAC路由信息。
- 业务网络层：包括具体承载业务的网元，如VNF、DC GW、PE，以及网元之间的路由传递和学习，主要是UE、业务节点（如AMF）等与业务直接相关的路由信息。

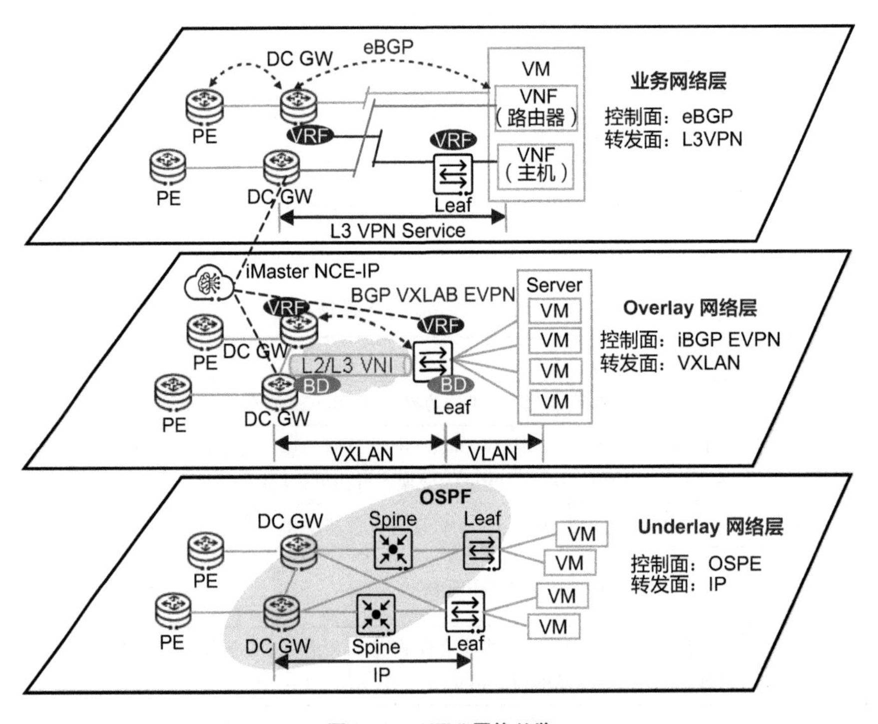

图 3-35 NFVI 网络总览

2. 网络与云解耦的方案

由于电信云项目招标模式不同，对应的建设场景呈现多样性，对应的解耦场景主要有以下两种：SDN+NFVI+NFVO对接第三方VNF和SDN独立销售，SDN+NFVI+NFVO对接第三方NFVI/VNF/NFVO。

在SDN+NFVI+NFVO对接第三方VNF场景下，华为提供OpenStack、SDN（包含物理网络设备）、NFVO等组件，对接第三方VNF网元。当业务网络业务发放时，以NFVO为入口，根据第三方VNF的业务需求，编写对应的NSD文件。iMaster NCE-Fabric协同FusionSphere提供标准社区接口和扩展接口，实现VNF

网络业务的自动化下发。

SDN控制器对接云平台标准Neutron的插件时提供了网络（Network）、子网（Subnet）、端口（Port）的创建、修改、删除能力；提供路由的创建、修改和删除能力。在由NFVO通过扩展接口将网络需求经由VIM下发到SDN控制器，进而自动化配置到设备的过程，VIM对扩展增强接口主要进行透传；支持扩展路由的创建、查询和删除功能，扩展路由用于配置静态路由并关联BFD（Bidirectional Forwarding Detection，双向转发检测）会话的功能；支持BGP邻居的创建、查询、更新和删除功能，支持配置存活时间、保持时间、路由抑制等参数，在网关双活部署时可以同时对两个网关配置不同的BGP会话，使用不同的源地址；支持VPC互通实例的创建、更新和删除功能，指定两个Router互通，支持过墙和不过墙两种VPC互通模式。

在分层解耦场景下，iMaster NCE-Fabric可对接8个OpenStack（第三方提供），也可以对接1个FusionSphere和7个OpenStack。iMaster NCE-Fabric支持同时管理电信云和IT云承载网，组网如图3-36所示。

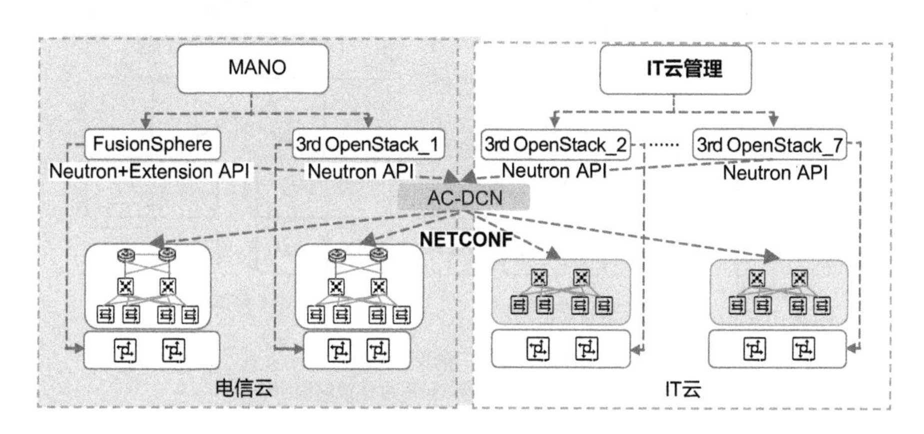

图 3-36　分层解耦场景控制器对接 OpenStack

| 3.6　电信云数据中心网络可靠性设计 |

1. 网络架构可靠性

如图3-37所示，以三层架构组网为例，该架构通过设备冗余备份来提升网络的可靠性，具体说明如下。

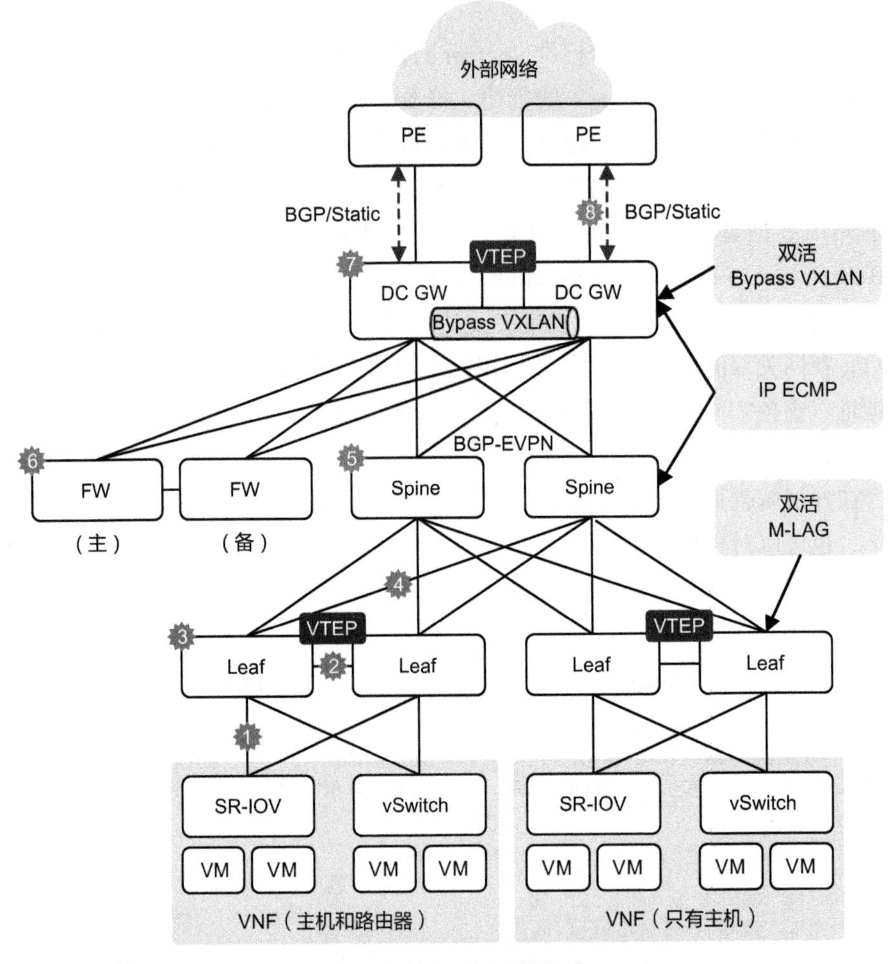

注：IOV 即 Input/Output Virtualization，输入 / 输出虚拟化。

图 3-37　网络中故障点与可靠性策略说明

① 服务器链路故障：服务器双归接入，网卡在负载分担的模式下工作，当服务器的一条链路发生故障时，业务倒换到冗余链路。

② M-LAG Peer-link故障：当M-LAG组中互联的Peer-link发生故障时，通过双主检测，触发备状态的设备上除管理网口、Peer-link接口以外的接口处于Error-Down状态，避免网络出现双主的状态，提高可靠性。当使用框式设备组网时，框式设备的上下行链路以及堆叠、Peer-link建议跨板连接，实现单板级可靠性。

③ Leaf设备故障：Leaf配置M-LAG工作组，当一台Leaf设备发生故障时，业务倒换到另一台Leaf设备上继续转发。

④ Leaf上行链路故障：Leaf和Spine间通过多条链路实现ECMP，当一条上行链路发生故障时，业务哈希到其他链路继续转发。

⑤ Spine设备故障：一台Spine设备发生故障后，流量从另一台Spine设备转发。

⑥ FW故障：FW配置主备镜像，配置和会话表实时同步，当主FW发生故障时，流量切换到备FW设备。

⑦ DC GW设备故障：一对DC GW工作在双活网关状态，当设备发生故障时，通过路由收敛完成转发路径切换。

⑧ PE与DC GW之间链路故障：当某台DC GW设备与外部网络连接发生故障时，通过路由收敛，自动启用切换到外部网络的备份路径继续转发，SDN控制面不感知故障。

对应的故障检测技术与保护方案如表3-8所示。

表 3-8　故障检测技术与保护方案

序号	故障场景	可靠性技术	检测和收敛方案
①	服务器链路故障	服务器双归接入，网卡负载分担 / 主备	单臂 BFD 检测
②	M-LAG Peer-link 故障	M-LAG 双主检测通道	心跳检测
③	Leaf 设备故障	M-LAG	M-LAG 心跳； Underlay 路由收敛
④	Leaf 上行链路故障	ECMP	Underlay 路由收敛
⑤	Spine 设备故障	ECMP	Underlay 路由收敛
⑥	FW 故障	FW 配置主备镜像	心跳检测 500 ms × 5 非回切模式
⑦	DC GW 设备故障	双活	通过 BFD 进行接口心跳检测 Underlay 路由收敛
⑧	PE 与 DC GW 之间链路故障	多路径 / 多出口 Bypass（旁路）链路	负载分担路由收敛 混合 FRR（Fast Reroute，快速重路由）

2. DC GW设备可靠性

两个DC GW组成双活网关，这两台DC GW设备需配置唯一的虚拟VTEP IP与Leaf建立VXLAN隧道，DC GW和PE之间以交叉型或口字形组网。DC GW和PE通过Eth-Trunk对接，PE和DC GW之间是三层转发。FW旁挂DC GW，两台FW设备主备部署，单台FW设备通过Trunk接口双归到两个DC GW。DC GW通过E-Trunk口和FW连接。

（1）DC GW与外部PE口字形组网可靠性

两台DC GW设备使用两个L3接口分别连接两个PE，每个DC GW的每个VRF分别与直连PE建立EBGP Peer-link，使能BFD for链路状态，提高故障恢复能力。在两台DC GW设备之间部署L3 Bypass VXLAN，运行IBGP。Bypass路径带宽需要大于等于DC GW的上行总带宽的50%。

正常情况下，两台DC GW设备将分别指向外部网络的静态或动态私网路由，引入IBGP-EVPN发布，以便DC GW建立到外部网络的备份路径。正常情况下，流量转发路径如图3-38（a）所示。当某台DC GW设备与外部网络连接发生故障时，通过路由收敛，自动启用到外部网络的备份路径继续转发，SDN控制面不感知故障。路由收敛后，备份链路的流量转发路径如图3-38（b）所示。当某台DC GW设备发生故障时，网络通过路由收敛完成转发路径切换，SDN控制面不感知故障。路由收敛后，流量从正常的DC GW转发，如图3-38（c）所示。

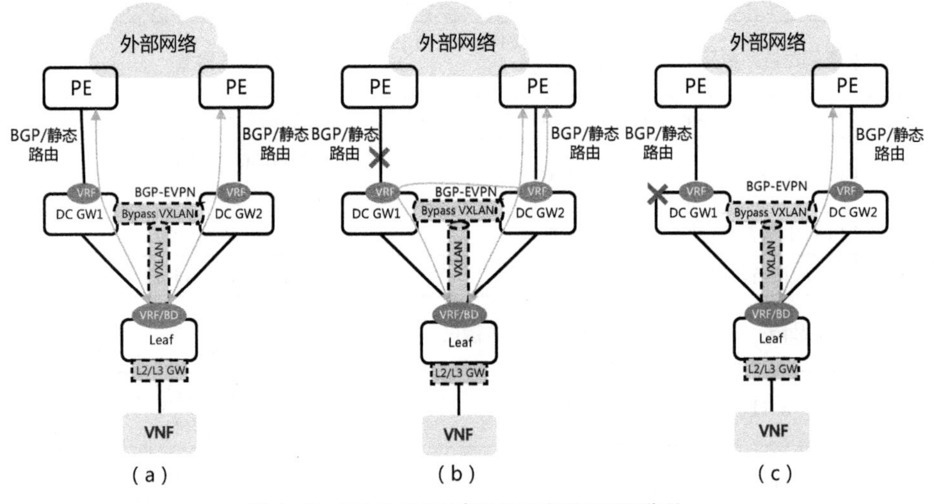

图3-38　DC GW与外部PE口字形组网可靠性

（2）DC GW与外部PE交叉型组网可靠性

正常情况下，两台DC GW设备使用4个L3接口与PE对接，物理组网交叉连线，分别建立私网EBGP会话或者静态路由传递路由信息。动态路由协议需要联动BFD加快路由收敛速度。两台DC GW设备在交叉型组网下一般不需要部署L3逃生路径。只有当DC GW与PE间的物理链路都发生故障时才会转到逃生路径。正常情况下，流量转发如图3-39（a）所示。当某台DC GW设备与外部网络连接发生故障时，通过路由收敛，自动启用到外部网络的备份路径继续转发，SDN控制面不感知故障。路由收敛后，备份链路的流量转发路径如图3-39（b）所示。当某台DC GW设备发生故障时，网络通过路由收敛完成转发路径切换，SDN控制面不感知故障。路由收敛后，流量从正常的DC GW转发，如图3-39（c）所示。

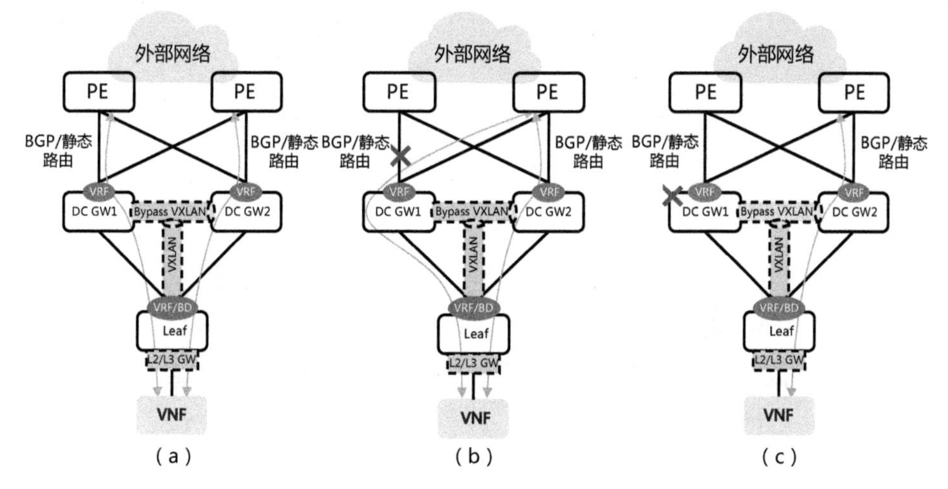

图 3-39　DC GW 与外部 PE 交叉型组网可靠性

（3）DC GW与FW组网可靠性

主推硬件FW mesh-shaped型连接DC GW，DC GW部署Eth-Trunk（配合EVPN）为FW提供双归链路。两台FW设备以1：1镜像方式组成一组，备用FW实时同步主用FW的会话和状态，当主用FW发生故障时，备用FW接管业务。当DC GW1和主FW链路发生故障时，DC GW1 E-Trunk+EVPN路由收敛，流量通过备份链路转发至主FW。当主FW发生故障时，备FW会成为新的主FW，DC GW1 EVPN FRR或路由收敛，流量转发到新的主FW。当DC GW1发生故障时，Fabric Undelay路由收敛，所有流量通过DC GW2转发。FW感知DC GW1发生故障，通过Trunk完成路径切换。DC GW与FW组网可靠性如图3-40所示。

（4）DC GW与Spine组网可靠性

DC GW工作在双活模式，两个DC GW作为一个NVE（Network Virtualization Edge，网络虚拟化边缘），VTEP IP/MAC相同，所有VXLAN流量通过ECMP负载分担到两个DC GW。

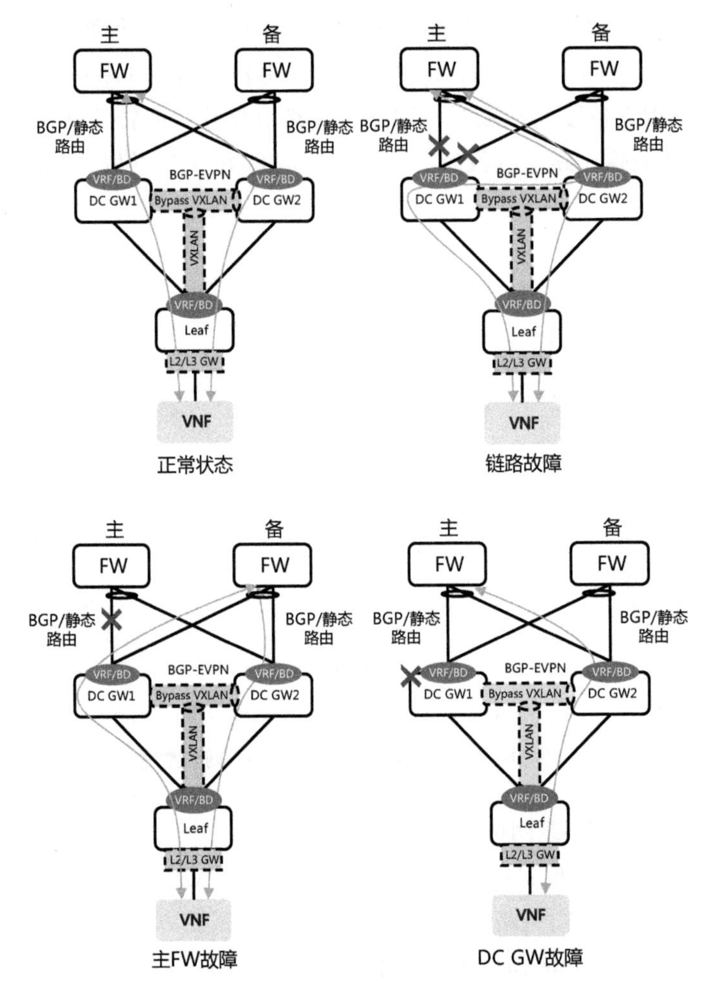

图 3-40　DC GW 与 FW 组网可靠性

3. Spine设备可靠性

如图3-41所示，在数据中心网络Spine-Leaf架构下，单纯的Spine设备角色本身彼此不需要物理连线连接，各设备独立运行在Underlay路由网络中。Spine上连DC GW设备，下连Leaf设备，均使用三层路由口互联。某台Spine设备的链路或者整机发生故障时，上下层设备通过动态路由协议收敛Underlay路由，将流量引导到正常的Spine链路或者设备承载。Spine可根据业务容量，进行横向扩展，例如由两台扩展到四台。扩展后，对于配置IBGP EVPN时用到的RR，仍然选择其中的两台即可。由于Spine设备间可靠性耦合较小，因此Spine设备自身的可靠性是主要的考虑因素。在NFVI Fabric基线中，推荐使用框式交换机作为Spine设备。Spine-Leaf以及Spine-DC GW之间可以形成针对VTEP-IP的IP ECMP等价路径和负载分担。当Spine-Leaf以及Spine-DC GW之间的链路发生故障时，通过ECMP负载分担，VTEP间的流量负载分担到其他无故障的链路。当单个Spine设备发生故障时，也可以通过ECMP负载分担，将VTEP间的流量负载分担到其他无故障的Spine设备上。ECMP链路须选择基于L4 Port的负载分担算法，由于VXLAN使用的是UDP（User Datagram Protocol，用户数据报协议）封装，因此VXLAN报文的目的端口号保持4789不变，而VXLAN报文头部的源端口号可变，链路可基于此来进行负载分担。

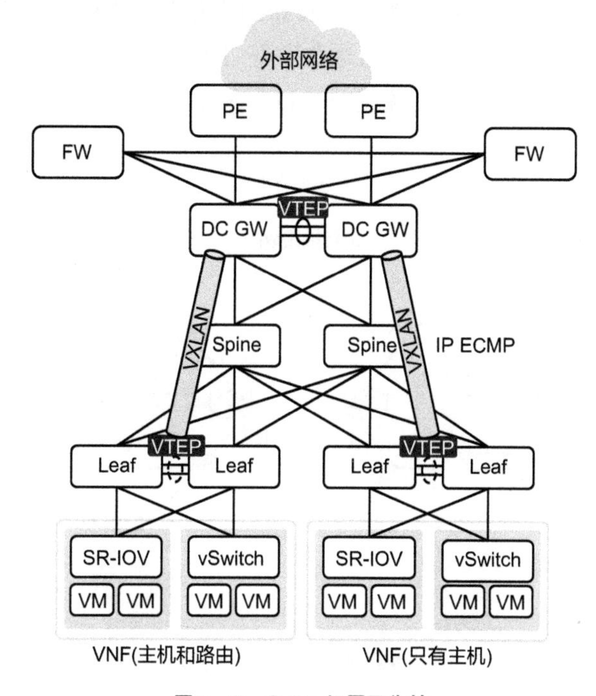

图 3-41　Spine 组网可靠性

4. Server Leaf设备可靠性

在NFVI场景下，服务器通过Eth-Trunk接入M-LAG模式的Leaf工作组。两台Leaf设备通过Peer-link互联并建立DFS（Dynamic Fabric Service，动态Fabric业务）组，对外表现为一台逻辑设备，但又各自有独立的控制面，服务器以负载分担方式接入两台Leaf设备，升级维护简单，运行可靠性高。下行口配置M-LAG特性双归接入服务器，服务器双网卡运行在负载分担模式下。因设备有独立控制面，故部署配置相对复杂。当两台设备之间配置了DFS Group和Peer-link后，两台设备通过Peer-link链路进行DFS Group配对，并协商设备的主备状态和M-LAG成员口的主备状态。正常工作后，两台设备之间会通过Peer-link发送M-LAG同步报文，实时同步对端的信息，M-LAG同步报文中包括MAC表项、ARP表项以及STP（Spanning Tree Protocol，生成树协议）、VRRP（Virtual Router Redundancy Protocol，虚拟路由冗余协议）协议报文信息等，并发送M-LAG成员端口的状态，这样任意一台设备发生故障都不会影响流量的转发，从而保证正常的业务不会中断。

（1）M-LAG上行链路发生故障时的可靠性保证

如图3-42所示，M-LAG工作组的双主检测链路通过连接到Spine的业务网络实现互通。配置Monitor-Link，将一台设备的所有上行链路加入Uplink，对应服务器的下行链路加入Downlink。当这台设备的所有上行链路发生故障时，联动下行链路Down，触发服务器侧流量只通过另一条上行链路转发。此时场景变为单归接入。

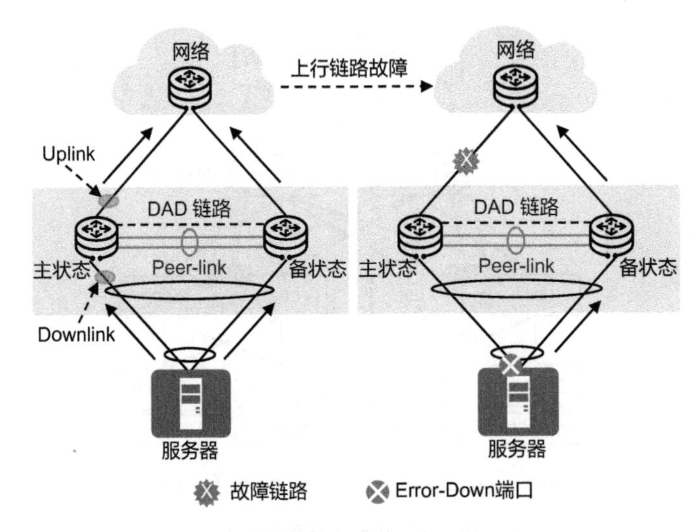

图 3-42 上行链路发生故障时的可靠性保证

（2）M-LAG下行链路故障时的可靠性保证

如图3-43所示，当下行M-LAG成员口发生故障时，DFS Group主备状态不会变化，但如果发生故障的M-LAG成员口为主状态，则备M-LAG成员口状态由备状态升主状态，流量切换到该链路上进行转发。发生故障的M-LAG成员口所在的链路状态变为Down，双归场景变为单归场景。故障M-LAG成员口的MAC地址指向Peer-link接口。在故障M-LAG成员口恢复后，M-LAG成员口状态不再回切，由备状态升主状态的M-LAG成员口仍为主状态，原主状态M-LAG成员口在故障恢复后为备状态。

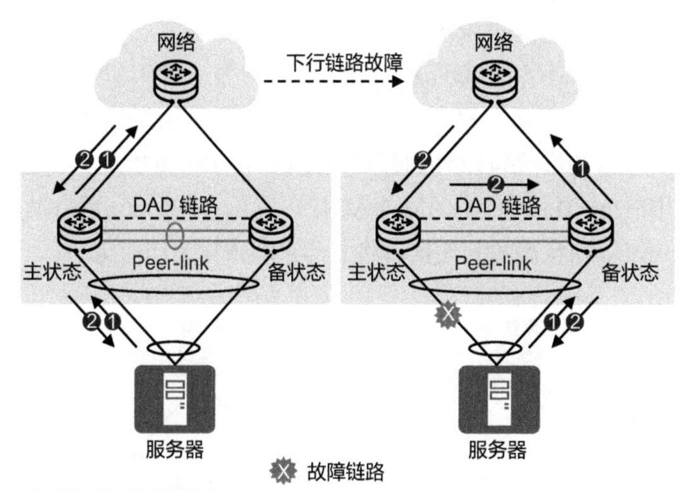

图 3-43　下行链路发生故障时的可靠性保证

（3）M-LAG主设备发生故障时的可靠性保证

如图3-44所示，当M-LAG主设备发生故障时，则M-LAG备设备将升级为主设备，其设备侧Eth-Trunk链路状态仍为Up，流量转发状态不变，继续转发流量。M-LAG主设备侧Eth-Trunk链路状态变为Down，双归场景变为单归场景。如果是M-LAG备设备发生故障，M-LAG的主备状态不会发生变化，M-LAG备设备侧Eth-Trunk链路状态变为Down。M-LAG主设备侧Eth-Trunk链路状态仍为Up，流量转发状态不变，继续转发流量，双归场景变为单归场景。

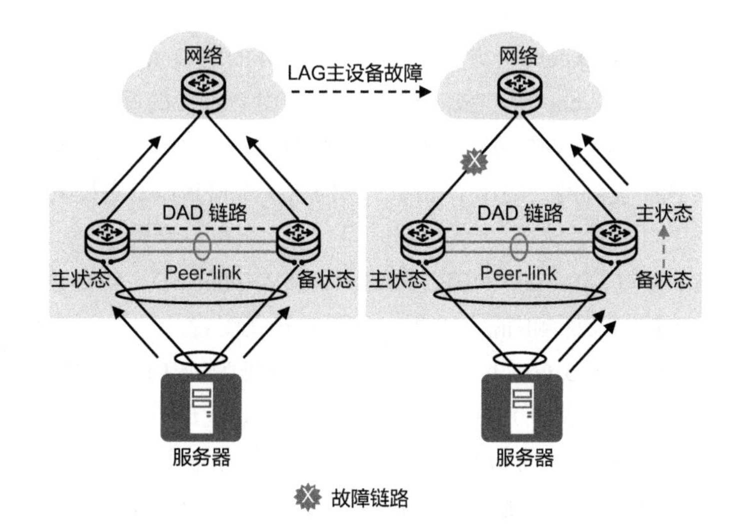

图 3-44　M-LAG 主设备发生故障时的可靠性保证

（4）M-LAG的Peer-link发生故障时的可靠性保证

如图3-45所示，当M-LAG应用于普通以太网络、VXLAN或IP网络的双归接入时，Peer-link发生故障但双主检测心跳状态正常，会触发备设备上除管理网口、Peer-link接口和堆叠口以外的接口处于Error-Down状态。一旦Peer-link故障恢复，处于Error-Down状态的M-LAG接口默认将在2 min后自动恢复为Up状态，处于Error-Down状态的其他接口将立即自动恢复为Up状态。

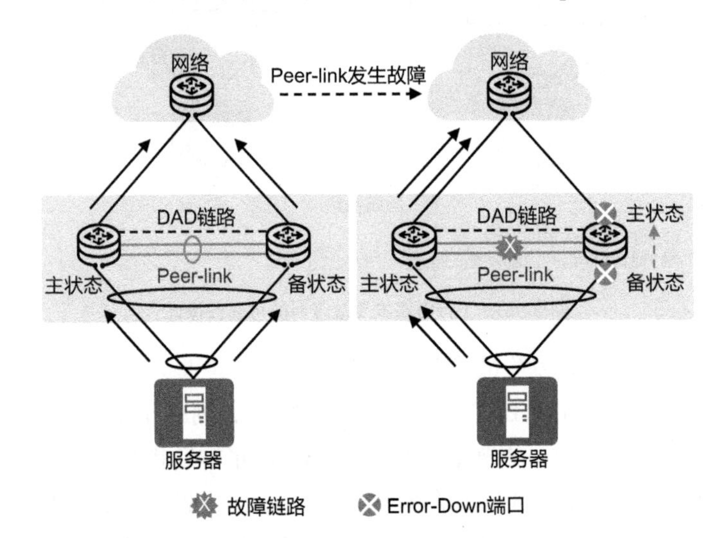

图 3-45　M-LAG 的 Peer-link 发生故障时的可靠性保证

5. 服务器链路与VM故障检测

如图3-46所示，为保证可靠性，VNF和L3 GW间静态路由需要关联BFD，建议采用单臂BFD（BFD echo）方案。L3 GW到VNF的BFD echo报文在VM环回，VNF到L3 GW的BFD echo报文在Leaf环回。采用BFD echo的好处如下。

- 按需配置，L3 GW必须配置到VNF的BFD echo，用于检测VM的可用性；VNF可选配置到网关的BFD echo，用于检测VM到Leaf交换机的链路是否可用。
- 自动化：VNF到L3 GW的BFD和L3 GW到VNF的BFD，各自独立配置是否使能BFD探测及探测间隔等参数，便于自动化配置。

以L3 GW为例，L3 GW上需要配置的目的地址为VNF逻辑地址，下一跳为IPU 1地址（VM的vNIC IP）的静态路由，并部署BFD for static，提高故障切换速度。建议如下配置VNF的BFD echo检测周期：根据业务需要，配置从VNF到L3 GW的检测周期间隔，一般控制面网元配置为500 ms × 8，用户面网元配置为500 ms × 4。

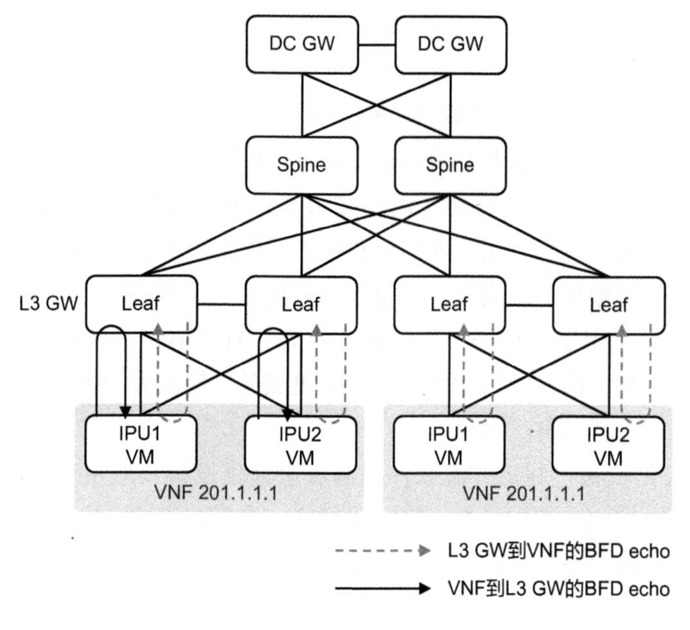

图 3-46　BFD echo 检测

| 3.7　电信云数据中心网络安全设计 |

电信云网络设备（路由器、交换机、安全设备等）在电信云中起到承上启下的作用，一方面它对外担负着电信云与外界互联网、专网等其他网络系统互联互通的功能；另一方面，它对内承载各种业务系统。电信云网络设备既要防范来自云外部的各种网络攻击和威胁，又要配合其他安全技术（如主机安全、应用安全、虚拟化安全、数据安全等），解决内网业务的安全问题，避免堡垒从内部瓦解。

当前电信云网络主要存在以下几种安全威胁。

- 域外威胁：用户数据传输泄露、篡改；仿冒网络应用拒绝特定服务；互联网侧DDoS（Distributed Denial of Service，分布式拒绝服务）攻击，拒绝数据业务；非授权访问开放API问题。应对方式为：在互联网边界部署标准安全防护设备，如DDoS、WAF（Web Application Firewall，Web应用防火墙）、IPS、防火墙等，保护电信云内部网络、基础设施和业务安全。

- 管理网络威胁：用户敏感信息的传输泄露；非授权用户的越权访问；合法用户的恶意操作。应对方式为：管理网络独立部署，避免来自业务网络的攻击或业务网络故障影响管理网络；接口鉴权审计，采用权限最小化设计，采用4A接入，进行安全日志审计等，保障管理网络安全。
- 传统安全威胁：主机威胁（病毒蠕虫等将占用系统资源、破坏文件和数据，恶意用户也会利用本地漏洞和配置错误来获取额外权限）；数据安全威胁（破坏数据的机密性、完整性和可用性）；应用威胁（SQL注入、跨站等针对应用层的攻击）。应对方式为：身份鉴别、访问控制、安全审计、数据加解密、WAF保护等。本书重点关注解决方案级安全策略，单产品安全由各产品自己实现。
- NFV云化威胁：利用开源软件漏洞攻击云化设施及应用；非法抢占虚拟化资源、访问应用层数据、篡改镜像等；多厂商集成，安全能力差异化；通过虚拟网络数据窃听或篡改应用层通信内容；安全边界模块、内部信任区域不复存在等；业务弹性要求安全能力也具有弹性。应对方式为：漏洞统一管理、防火墙分区隔离、VRF隔离、VXLAN分段隔离、安全策略随业务弹性布放等。本书重点关注网络安全，虚拟机安全等由IT提供安全策略。

目前网络攻击常态化，黑客渗透系统和信息的攻击是不可能完全拦截的。电信云承载网解决方案可以最小化网络威胁对业务的破坏性影响，提供可接受的服务水平，并易于在受到威胁后恢复，从而保障业务机密性、完整性、可用性和可追溯性。

电信云化后，安全边界模块、内部信任区域不复存在。传统单一网元变成垂直化多厂商集成，各厂商安全能力存在差异，所以需要采用多纵深安全防护策略，对电信云内、外安全威胁进行防护。DC边界部署DDoS、WAF、IPS、防火墙等安全产品，防护外部攻击。DC内管理、业务、存储网络分离，提供网络可靠性。业务区根据不同安全等级部署安全域隔离。VNF内部网络和外部网络部署到不同的网络平面，采用VXLAN、VRF进行隔离。VNF内部网络隔离，vSwitch采用VLAN进行隔离。

1. 边界安全防护

电信云外部的安全设施（如Anti-DDoS、外层防火墙、WAF、IPS、沙箱），不属于电信云纳管范畴，但建议用户部署，以防护来自电信云外部的安全威胁；电信云内部的安全防护主要通过内层防火墙来实现。图3-47给出了边界安全防护示意。

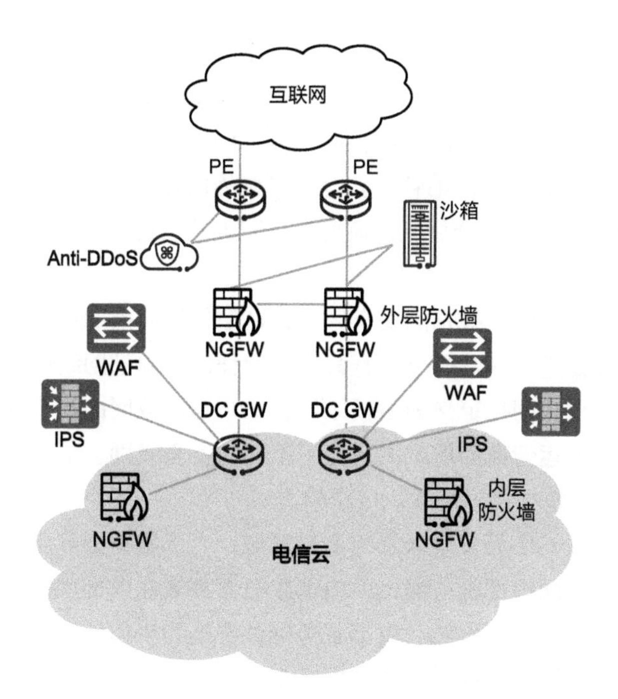

图 3-47　边界安全防护示意

- Anti-DDoS：具有应对传统流量型DDoS攻击防护、应用层攻击防护、IPv4-IPv6双栈防护等的功能，全面防御100多种攻击类型，真正保护用户业务安全。
- 外层防火墙：南北向流量安全隔离防护，抵御来自外网的已知安全威胁，NAT地址转化，可通过深度识别流量内容，发现和拦截异常的外传敏感数据行为；与沙箱联动，增加未知威胁检查；对业务安全加密等。
- WAF：可解析HTTP/HTTPS流量，识别SQL注入、跨站攻击等，支持TCP（Transmission Control Protocol，传输控制协议）加速、网页防篡改、Web站点隐藏等。
- IPS：为专业入侵防御提供漏洞和威胁签名库，防御应用层威胁，支持海量病毒特征库，覆盖常见流行病毒。
- 沙箱：FireHunter与防火墙联动部署，可以使客户在通过防火墙抵御已知安全威胁的基础上，具备防御恶意文件和网站等未知威胁的能力，从而提升整个网络的安全性。

2. 电信云安全域

电信云内层防火墙旁路部署在DC GW上，由iMaster NCE-Fabric纳管，实现安全业务自动部署，主要用于电信云内部安全域之间的隔离，满足为电信云内部

VNF提供安全业务的需求。安全域是一个网络的逻辑域。在同一安全域内的子网或者设备拥有相同的或者基本相同的安全保护需求、互相高度信任的关系以及相同的或者基本相同的边界安全访问控制机制，同一安全域内子数据流量可不实施安全策略，以减少设备资源消耗。安全域可分为信任区域以及具有不同信任程度的非信任区域两种。跨安全域流量需要经过防火墙进行安全隔离。安全域具体描述如下。

- 信任区域：高安全级别的安全区域，在信任区域内的设备都为可信任的，从这些设备进出的数据可以直接通过信任区域内部网络而无须核对。有的供应商将承载网也定义为信任区域，VNF与承载网的流量交互不通过防火墙。还有的运营商为承载网定义了不同的安全级别，信任区域VNF与承载网流量交互需要经过防火墙安全检查。
- 半信任区域：中等安全级别的安全区域，内部服务器属半信任区域。外部网络需要访问内部服务器，而内部服务器部署在内部网络，访问内部服务器需要通过批准，因此，内部服务器被部署为半信任区域，其保密级别高于非信任区域，但低于信任区域。半信任区域为互联网或者第三方网络提供服务。
- 非信任区域：低安全级别的安全区域，通常将电信云外部互联网等不安全的网络定义为非信任区域。
- 管理域：为管理域定义新的安全域，安全级别高于信任区域，隔离管理域和其他安全域，有流量交互需求时，配置交互流量经过防火墙做安全检查，也可以在物理上部署独立的管理网络进行隔离。
- 安全域*N*：客户可根据业务需求创建新的安全域。

3. 管理业务分离

控制器、云平台、NFVO、存储等业务可靠性、安全性要求高，采用独立的物理ToR、EoR交换机，业务侧隔离，管理和存储系统更加可靠。控制器采用带内网络纳管业务域网络设备（交换机、路由器、防火墙），需要在DC GW上实现互通。管理域和非管理域的互通，建议通过内网防火墙部署安全策略来实现，管理域与管理专网的互通，建议根据客户需要部署过墙和安全策略实现。

4. 管理业务逻辑隔离

管理、存储、业务可使用独立的物理网口接入同一套Spine-Leaf交换机，使用VXLAN进行二层、三层通信，有互通需求时，流量上送到防火墙，在防火墙上部署安全策略进行管理保护。

5. 防火墙安全防护

内层防火墙旁挂DC GW，两台防火墙以双机主备镜像模式工作，镜像模式采用静态路由进行路由打通。电信云内部防火墙主要用来实现电信云内业务强相关的安全功能，如电信云内安全域隔离，不能替代运营商网络原有的CGN（Carrier-Grade NAT，运营商级NAT）、安全网关等设备。跨安全域流量需要经过防火墙进行安全隔离，物理防火墙可虚拟化为多台虚拟防火墙，创建业务网络vRouter时，在防火墙上为不同的业务创建独立的虚拟系统，模拟独占防火墙进行安全策略配置。

6. 安全业务自动化

MANO下自动编排安全业务。根据业务通信需求，自动分析并生成ACL规则，配置NAT规则。由手动变自动，可避免引入人工错误；手动耗时长，自动生成可大大提高效率。业务生命周期事件与防火墙规则调整进行联动，解决了业务自动化和安全管理手动不匹配的问题，保证业务生命周期内的安全连续性和一致性。对于SPM（Security Policy Management，安全策略管理），SPM被放入NFVO中，实现防火墙ACL规则自动跟随业务生命周期事件。对于防火墙策略自动编排实现的场景，在NS（Network Service，网络服务）实例化时，SPM能自动分析、生成并部署防火墙的安全策略；在VNF/VM扩缩容时，SPM自动分析、添加、删除ACL规则；在NS/VNF业务结束时，SPM自动删除ACL规则。安全业务配置自动化如图3-48所示。

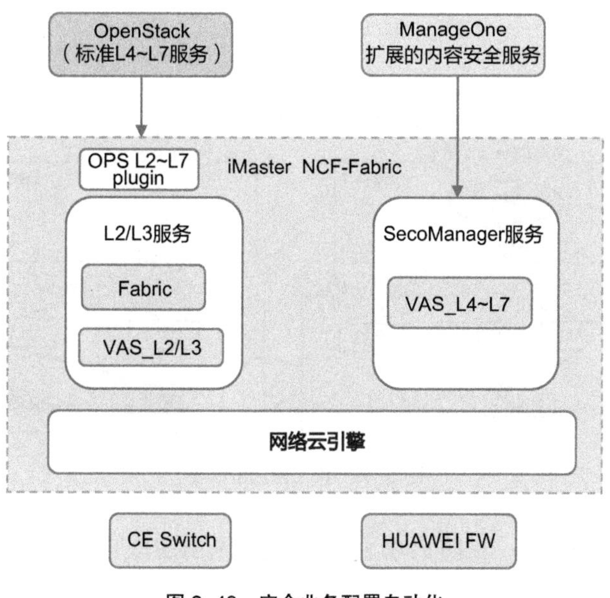

图 3-48　安全业务配置自动化

OpenStack负责发放SNAT、EIP、FWaaS（Firewall as a Service，防火墙即服务）、IPSec VPN标准的L4～L7服务。ManageOne负责发放定制扩展的L4～L7服务，包含安全策略、IPS、AV（Antivirus，防病毒）。iMaster NCE-Fabric控制器实现发放逻辑网络服务，负责华为VAS设备和L2/L3 Fabric双向互联网络的编排；对接OpenStack L2～L7 plugin，将OpenStack SNAT、EIP、FWaaS、IPSec VPN相关业务分发给SecoManager处理。SecoManager开放接口支持OpenStack的SNAT、EIP、FWaaS、IPSec VPN业务；支持直接对接ManageOne定义扩展的IPS、AV；负责华为VAS设备的业务编排，管理华为VAS设备，并向其下发相关配置。VAS设备负责提供安全策略、EIP、SNAT、IPSec VPN、内容安全检测等业务功能。

7. 南北向流量过墙

南北向流量过墙如图3-49所示。

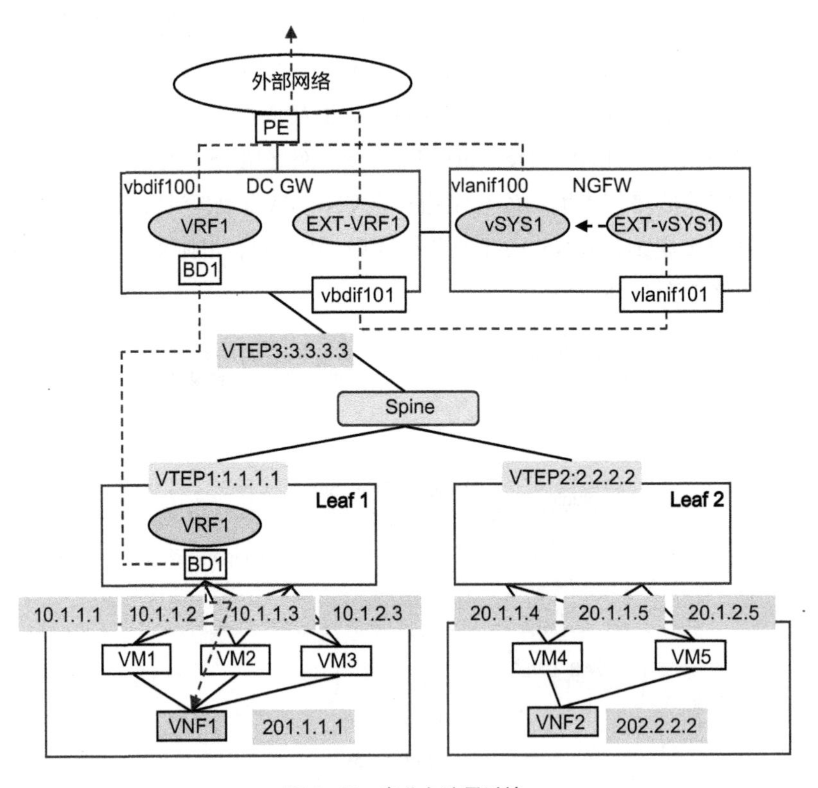

图 3-49　南北向流量过墙

关于接口的配置：在防火墙上连接VNF侧创建虚拟防火墙vSYS1、接口

vlanif100，将接口vlanif100加入信任区域。将自动生成的、用于虚拟防火墙互通的虚拟化接口Virtual-ifx加入非信任区域，配置IP地址。在防火墙连接外网侧创建虚拟防火墙EXT-vSYS1，接口为vlanif101，将接口vlanif101加入非信任区域。将自动生成的、用于虚拟防火墙互通的虚拟化接口Virtual-ify加入信任区域，配置IP地址。在vSYS1下配置安全策略，放通非信任区域和信任区域之间、VNF1网段与外部网络之间的安全策略。在EXT-vSYS1下配置安全策略，放通非信任区域和信任区域之间、VNF1网段与外部网络之间的安全策略。

从VNF到外部网络引流：在DC GW上，业务所在的VPN（VRF1）下，配置到防火墙的默认静态路由，并通过EVPN发布到Leaf节点。报文从VNF发送到网关Leaf 1后，根据默认路由上送到DC GW，在DC GW的VRF1下，根据默认路由发送到防火墙的vSYS1。在防火墙上配置一条从内部vSYS1到外部EXT-vSYS1的默认静态路由，将流量从租户虚拟防火墙引导到外部虚拟防火墙。在防火墙EXT-vSYS1下，配置一条到DC GW的默认静态路由，将流量从防火墙的EXT-vSYS1引导到DC GW的外部网关EXT-VRF1。在DC GW，通过共享出口外部网关和PE设备建立EBGP邻居，将流量送到外网。

从外部网络到VNF引流：在DC GW上配置一条目的地址是VNF租户网段、下一跳是防火墙IP的私网VPN（EXT-VRF1）静态路由，实现将外部网络流量引导到防火墙的外部EXT-vSYS1。在防火墙上，配置一条目的地址是VNF租户网段、从外部EXT-vSYS1到内部vSYS1的静态路由，将流量从外部虚拟防火墙引导到内部租户虚拟防火墙。在防火墙上的vSYS1上，配置一条目的地址是VNF租户网段、下一跳是DC GW内部接口的静态路由，将流量从虚拟防火墙vSYS1引导到DC GW的VRF1。在DC GW上，流量通过电信云典型的分布式二层转发，从VRF1转发到VNF租户接口。

8. 东西向流量过墙

东西向流量过墙如图3-50所示。

关于接口的配置：在防火墙上连接VNF1侧创建虚拟防火墙vSYS1，接口为vlanif100，将接口vlanif100加入信任区域。将自动生成的、用于虚拟防火墙互通的虚拟化接口Virtual-ifx加入非信任区域，配置IP地址。在防火墙连接VNF2侧创建虚拟防火墙vSYS2，接口为vlanif101，将接口vlanif101加入信任区域。将自动生成的、用于虚拟防火墙互通的虚拟化接口Virtual-ify加入非信任区域，配置IP地址。在vSYS1下配置安全策略，放通非信任区域和信任区域之间、VNF1网段与VNF2网段之间的安全策略。在vSYS2下配置安全策略，放通非信任区域和信任区域之间、VNF1网段与VNF2网段之间的安全策略。

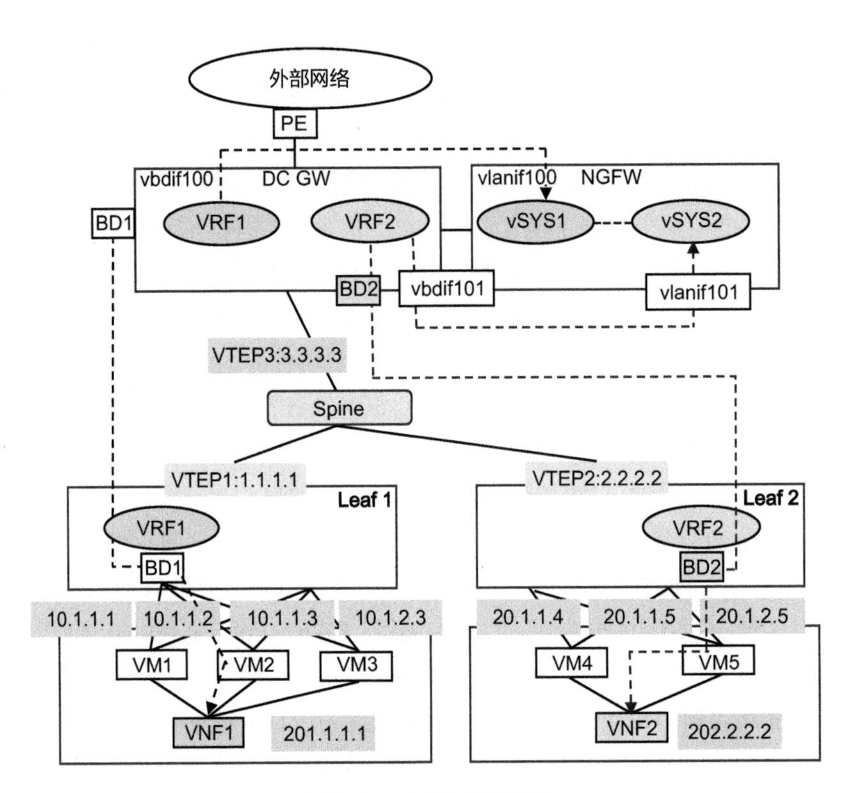

图 3-50　东西向流量过墙

从VNF1到VNF2的引流：在DC GW上，VNF1所在的VPN（VRF1）下，配置到VNF2业务网段的静态路由，下一跳是防火墙的vlanif100接口IP，并通过EVPN发布到Leaf节点。从VNF1发出的目的网关是VNF2的报文网关Leaf 2，再根据路由上送到DC GW，在DC GW的VRF1下，根据静态路由发送到防火墙的vSYS1。在防火墙上配置一条从vSYS1到vSYS2的静态路由，目的地址是VNF2子网网段，下一跳是vSYS2的虚拟接口，将流量从vSYS1虚拟防火墙引导到vSYS2虚拟防火墙。在虚拟防火墙vSYS2下，配置一条到VNF2的静态路由，目的地址是VNF2子网网段，下一跳是DC GW上VRF2的vbdif101接口IP，将流量从虚拟防火墙vSYS2引导到DC GW与VNF2互通的VPN（VRF2）。在DC GW与VNF2互通的VPN（VRF2）下，根据VXLAN分布式转发，将流量发送到VNF2。

从VNF2到VNF1的引流过程，与从VNF1到VNF2的引流过程一致，流向相反。

9. NAT

在电信云网络中，一般NAT业务都在外部防火墙上处理，如果客户没有在电信云边界部署外网防火墙，可能需要电信云内部防火墙提供NAT功能。NAT流程和配置在南北向流量过墙的基础上，增加NAT，调整DC GW和防火墙上静态路由的配置。以源NAT为例，防火墙源NAT根据公网IP资源选择源NAT类型，如NAPT（Network Address and Port Translation，网络地址和端口转换）、NO-PAT（NO Port Address Translation，无端口地址转换）、三元组、Easy-IP等。

关于接口的配置：在防火墙上连接VNF侧创建虚拟防火墙vSYS1，接口为vlanif100，将接口vlanif100加入信任区域。将自动生成的、用于虚拟防火墙互通的虚拟化接口Virtual-ifx加入非信任区域，配置IP地址。在防火墙连接外网侧创建虚拟防火墙EXT-vSYS1，接口为vlanif101，将接口vlanif101加入非信任区域。将自动生成的、用于虚拟防火墙互通的虚拟化接口Virtual-ify加入信任区域，配置IP地址。在vSYS1下配置安全策略，放通非信任区域和信任区域之间、VNF1网段与外部网络之间的安全策略。在EXT-vSYS1下配置安全策略，放通非信任区域和信任区域之间、进行NAT后公网IP与外部网络之间的安全策略。

NAT策略：在虚拟防火墙vSYS1下配置NAT策略，进行源NAT。

从VNF到外部网络引流：如图3-51所示，在DC GW上，业务所在的VPN（VRF1）下，配置到防火墙的默认静态路由，并通过EVPN发布到Leaf节点。报文从VNF到网关Leaf 1后，根据默认路由上送到DC GW，在DC GW的VRF1下，根据默认路由发送到防火墙的vSYS1。在防火墙上配置一条从内部vSYS1到外部EXT-vSYS1的默认静态路由，将流量从租户虚拟防火墙引导到外部虚拟防火墙。命中NAT策略，对源IP地址进行NAT。在防火墙EXT-vSYS1下，配置一条到DC GW的默认静态路由，将流量从防火墙的EXT-vSYS1引导到DC GW的外部网关EXT-VRF1。在DC GW，通过共享出口外部网关和PE设备建立EBGP邻居，将流量送到外网。

从外部网络到VNF引流：如图3-52所示，在DC GW上配置一条目的地址是NAT公网IP网段、下一跳是防火墙IP的EXT-VRF1静态路由，实现将外部网络流量引导到防火墙的外部EXT-vSYS1。在防火墙上，配置一条目的地址是进行NAT后公网网段、从外部EXT-vSYS1到内部vSYS1的静态路由，将流量从外部虚拟防火墙引导到内部租户虚拟防火墙。在防火墙上的vSYS1上，流量命中从VNF1到外部网络的会话，自动进行NAT，目的地址从进行NAT后的公网地址转换为VNF1网段地址。在防火墙上的vSYS1上，配置一条目的地址是VNF租户网段、下一跳是DC GW内部接口的静态路由，将流量从虚拟防火墙vSYS1引导到DC GW的VRF1。在DC GW上，流量通过电信云典型的分布式二层转发，从VRF1转发到VNF租户接口。

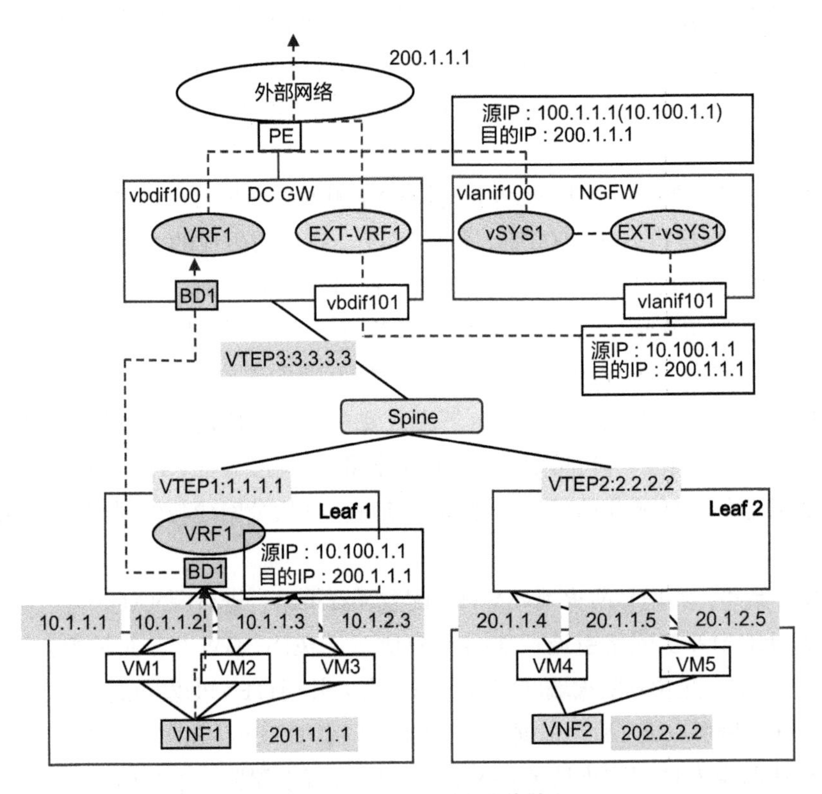

图 3-51　从 VNF 到外部网络引流

10. 安全域内隔离

三层隔离：电信云内，相同安全级别的流量不需要上送防火墙进行隔离过滤，可使用VRF进行隔离。创建网络时，为vRouter绑定VPN，实现不同VNF之间以及相同VNF下不同业务子网的三层隔离。

二层隔离：电信云VNF网元内部网络平面（base面、fabric面）采用二层互通。在创建网络时，为不同的网络平面分配不同的BD进行隔离。相同服务器内，VM之间直接在虚拟网卡互通；相同Leaf交换机不同服务器上的VM，通过Leaf交换机BD广播域互通。不同Leaf交换机下挂的VM，通过BD在VXLAN大二层广播域下互通。

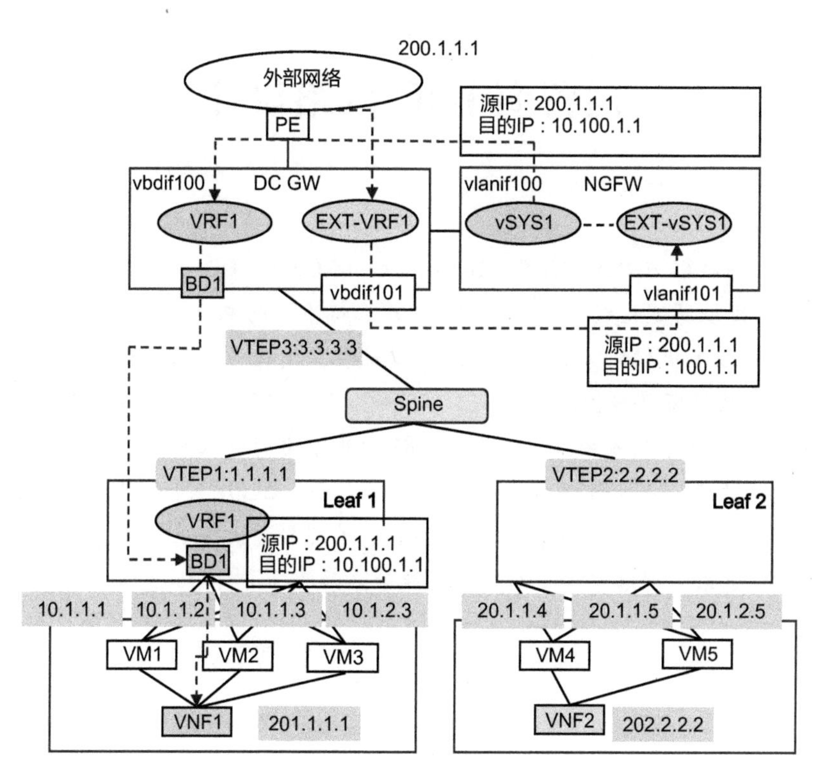

图 3–52　从外部网络到 VNF 引流

第4章
运营商IDC网络设计

互联网数据中心简称IDC（Internet Data Center），是运营商利用已有的互联网通信线路、带宽资源，建立标准化的电信专业级机房环境，为企业、政府提供服务器托管、租用以及相关增值等方面的全方位服务。据统计，在运营商提供的IDC、EDC、网络云等综合业务场景下，IDC网络业务收入占总体收入的80%以上，是运营商重要的收入来源。随着移动通信的蓬勃发展，头部OTT自建基础设施的规模化上线运营，导致运营商IDC部分的收入占比有所降低，但其依然有着举足轻重的地位。本章将从运营商IDC的需求、网络架构、网络可靠性等方面为读者讲解运营商IDC的网络设计。

4.1 运营商IDC网络业务情况

运营商泛IDC业务包括资源整合（也被称为机架出租、hosting）业务、公有云业务、IPTV、CDN业务等，其中公有云业务占比偏低，CDN业务与移动业务融合。本节重点介绍资源整合业务情况。

如图4-1所示，资源整合业务包括基础资源出租和增值业务出租两大类。

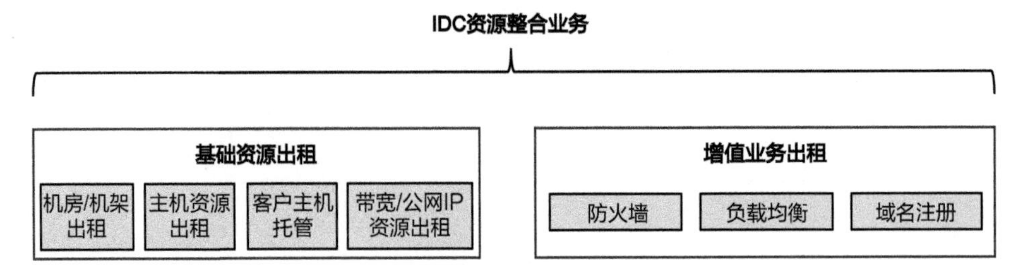

图4-1 运营商IDC资源整合业务

基础资源出租是将运营商的机房、机架、服务器、网络设备等资源出租给IDC客户开展业务，还包括IDC客户将自己所有的服务器、网络设备放置在运营商机房，由运营商托管维护。运营商可以整合的不只是上述基础资源，还有安全、负载均衡、公网IP地址、接入带宽、域名解析等增值业务。资源整合业务的客户主要分布在互联网、制造业、政务、教育等行业。

机房出租是指运营商将建设好的数据中心机房整体出租给客户使用，客户放置自备的网络设备和服务器等，管理和配置多由用户独立完成。机架出租是指客户租用机架的一部分空间或者整个、数个机架，放置自备的网络设备和服务器，租用数据中心的网络资源以及其他配套设施。机房与机架出租如图4-2所示，图中P代表运营商中间传输设备。

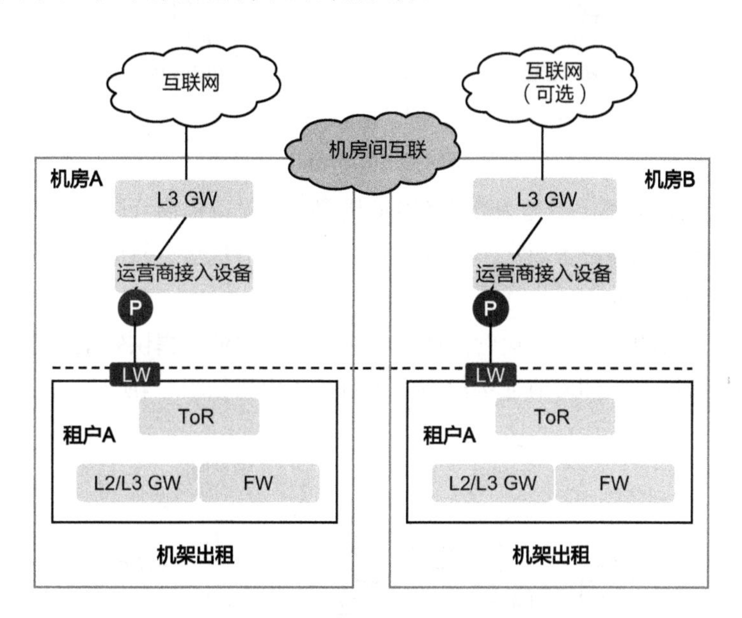

图 4-2　机房与机架出租

主机资源出租是由运营商负责机房、机架、网络设备、服务器资源的整合，只出租服务器主机的使用权，为用户解决服务器购置、安全维护方面的巨额投入问题。

客户主机托管则是客户将自有主机放置在运营商的标准机房环境（涉及空调、照明、湿度、不间断电源、防静电地板、机架机位等）中，通过数据中心高速带宽接入互联网，客户拥有对服务器完全的控制权限，并由客户自行安装软件系统，自行维护，自主决定运行的系统和从事的业务。运营商的机位出租如图4-3所示。

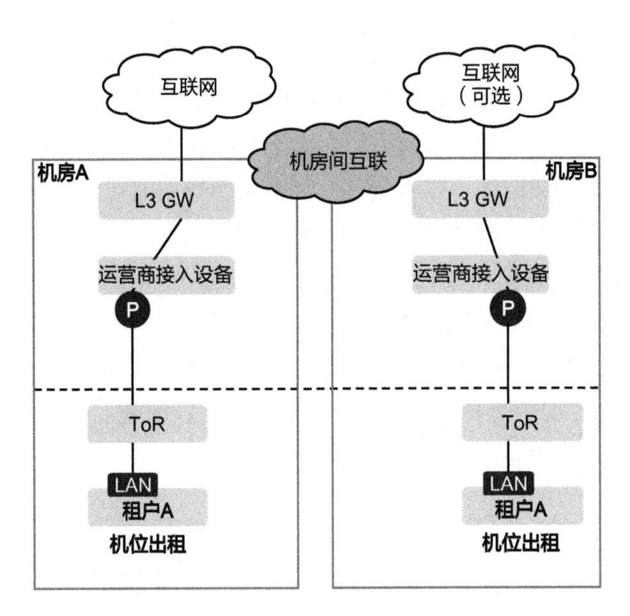

图 4-3　机位出租

带宽/公网IP资源出租是为客户在IDC机房的IT设备提供互联网接入、公网固定IP地址服务，此类业务通常不会独立存在，需要与机房、机架、主机资源出租和托管等业务组合使用。

在上述业务的基础上，运营商还会为客户的数据业务提供安全策略、负载均衡、防病毒等服务，即增值业务出租。增值业务出租如图4-4所示。

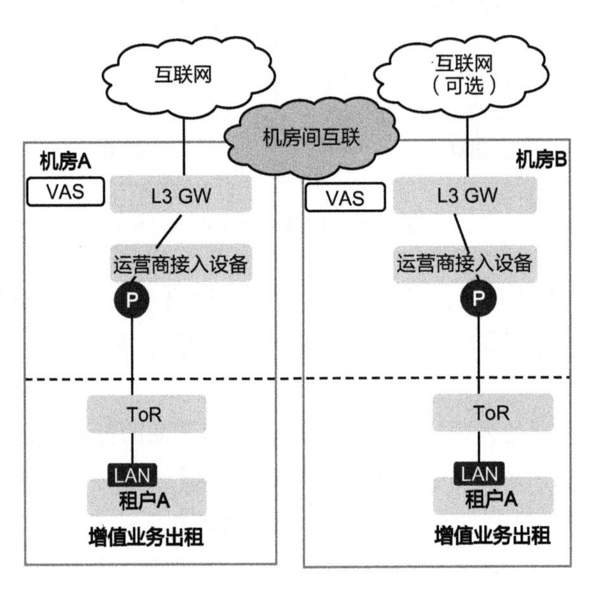

图 4-4　增值业务出租

| 4.2　运营商 IDC 网络需求分析 |

4.2.1　传统 IDC 网络业务面临的挑战

IDC网络业务并非运营商新生业务类型，但传统IDC网络业务在数据中心云化的新形势下遇到了一系列挑战。

第一，进行业务开通或调整时费时费力。传统IDC资源租赁业务开通流程为：IDC客户提交业务申请，运营商基于业务诉求进行网络规划设计，其后向操作员下发工单，由操作员配置各网络设备并开通业务。整个流程平均耗时以月为单位，且网络配置依赖于命令行或传统网管，无法快速满足新业务场景的需求，如“双11”购物、12306春运售票、突发重大事件的网络保障等，这些都需要网络在安全性、可靠性、带宽资源等层面做出迅速调整。

第二，机架和机房资源无法有效整合。不同的IDC客户在不同的时间进行资源租赁、退租、续租等申请，必然造成运营商机架中的资源碎片化，如图4-5所示。租户都希望自己的服务器和网络设备托管在较为集中的几个机架上，便于业务开通、变更和运维。当一个机房或者集中的一批机架因资源碎片化而无法满足客户诉求时，需要通过技术手段解决这种问题，对分布在多个数据中心或机房的资源进行有效整合。

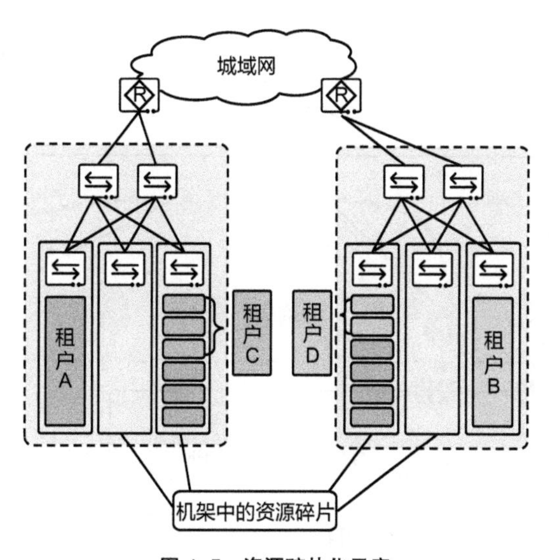

图 4-5　资源碎片化示意

例如，由于L2VPN资源在规格、成本等方面的限制，传统IDC在多个机房之间多以三层的方式互联，这就要求租户的一个子网必须放在同一个机房中。而资源碎片化后，当一个业务量较大的租户申请资源或进行业务扩容时，就无法有效满足租户的需求了。

第三，缺乏新的盈利增长点。当前IDC资源租赁业务的主要收入，还是以提供基础网络服务为主，如主机资源出租、客户主机托管、机柜出租、带宽出租等。增值业务因配置复杂、自动化程度低，所以此类收入占比小，导致运营商较难提供如网络安全、负载均衡、容灾备份、运维等高级服务，缺乏新的盈利增长点。

4.2.2 IDC 网络业务需求

1. 大型租户跨机房/机架场景

如图4-6所示，IDC客户的业务部署在一个DC/机房内，但是业务跨多个机架部署，每个机架部署客户自有的交换机和服务器，客户业务的网关部署在自有的交换机上，安全策略、负载均衡、流量清洗等增值业务由客户自行在其网关内规划设计，与运营商网络解耦部署。运营商提供跨机架互联的接入交换机，并提供跨机架交换机的VPN隧道，为客户提供东西向互访（如图4-6中粗虚线所示）服务。

运营商基于机架提供公网IP地址池，利用机房IDC出口为各个客户提供南北向互访（如图4-6中细虚线所示）服务。部分客户也可以使用自有的公网地址部署南北向业务。

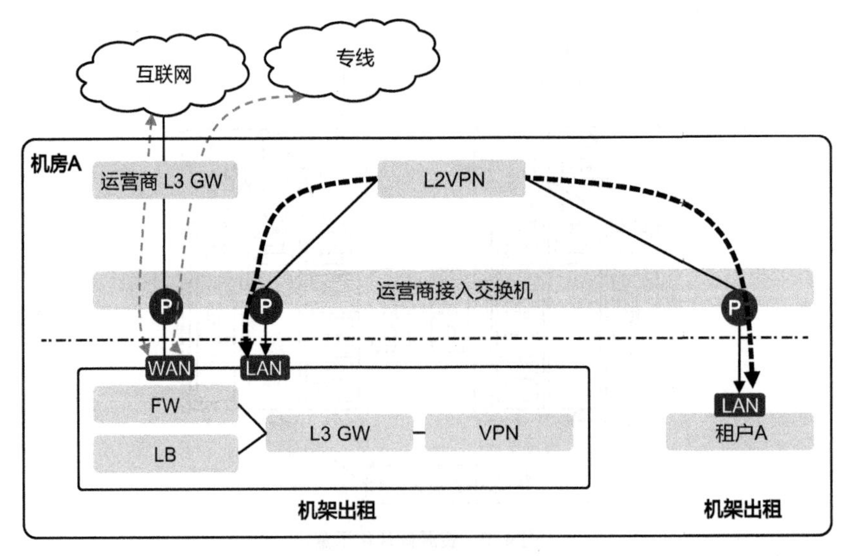

图 4-6　大型租户跨机架场景示意

如图4-7所示，大型IDC客户的业务存在跨机房部署场景，运营商需要一种低成本的跨机房部署VPN隧道的方案，从全局角度整合多个机房的碎片化资源。另外，跨机房资源整合还有一个显著的优点，即可以为客户提供具备容灾能力的网络方案，每个机房可以部署独立的南北向出口业务（如图4-7中细虚线所示），当某个机房因不可抗力导致整体退出服务时，依然可以有其他机房的资源稳定地提供业务能力。

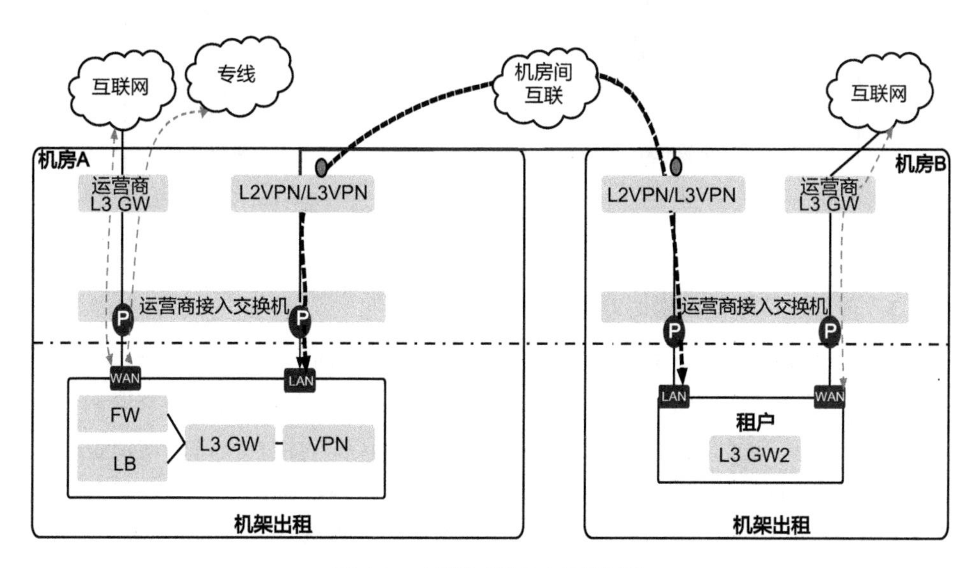

图 4-7　大型租户跨机房场景示意

2. 中小型租户跨机架场景

如图4-8所示，中小型IDC客户受限于技术能力，同时考虑组网成本、业务特点等因素，在运营商之下租户自行构建的网络中，不再部署自有的网关设备，而是利用运营商提供的网关设备承载客户南北向互访（如图4-8中细虚线所示）服务。该类客户通常不具备自有的公网IP地址，而是依赖运营商分配。此处有两种子场景：一种是运营商为不同客户分配不重叠的私网地址，然后统一部署地址转换服务；另一种是运营商直接为机架分配公网地址段，由租户配置到具体的主机。运营商提供跨机架互联的接入交换机，并提供跨机架交换机的VPN隧道，为客户提供东西向互访（如图4-8中粗虚线所示）服务。

此类客户由于不部署自有的网关设备，无法自行部署地址转换、安全策略、负载均衡等高级网络功能。给租户提供服务的专线接入场景对上述增值业务诉求不强，可选部分功能部署以节省上线成本，针对通过公网接入的客户，其依赖于购买运营商提供的增值业务，使租户网络与运营商网络有一定的耦合。

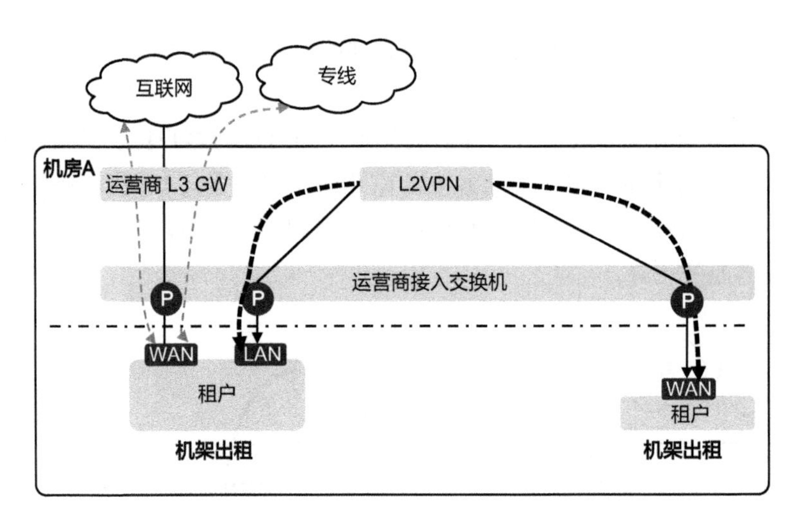

图 4-8　中小型租户跨机架场景示意

3. 客户租赁运营商增值业务场景

如图4-9所示，中小型IDC客户在向公网提供服务时，因环境复杂，需部署安全策略、负载分担等高级服务（如图4-9中细虚线所示），流量经互联网出口进入数据中心，通过防火墙和负载均衡器处理后转发到租户设备。增值业务保证业务安全可靠，提升业务部署弹性。运营商为租户提供跨机架隧道服务（如图4-9中粗虚线所示）并基于机架、机位的公网地址配置安全策略、负载分担策略等增值业务。增值业务将导致运营商网络和租户网络存在一定的耦合，对网络规划、建模、自动化能力提出了较高的要求，需要创新的思路和方案。

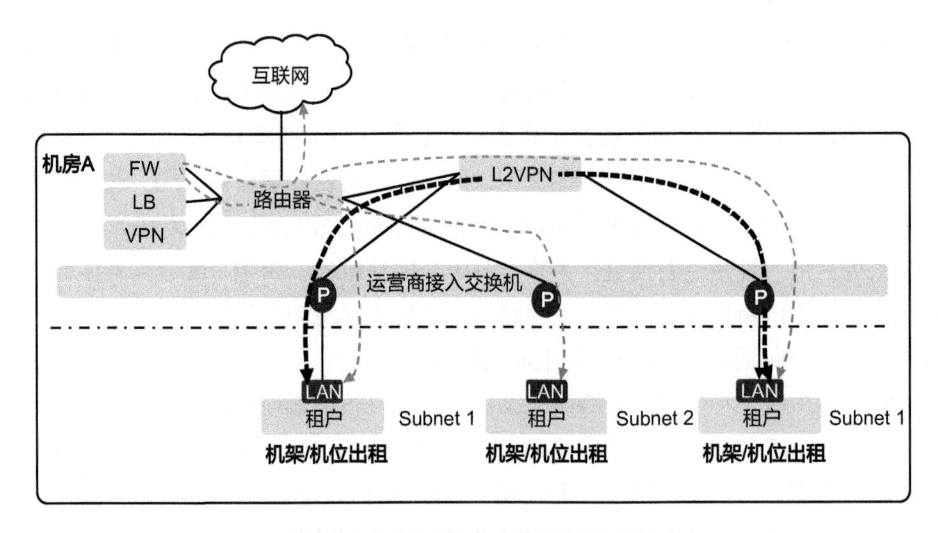

图 4-9　客户租赁运营商增值业务场景示意

表4-1给出了几种资源租赁业务场景的比较。

表 4-1　资源租赁业务场景的比较

项目	大型租户自带网关场景下的情况	中小型租户共享运营商网关场景下的情况
运营商出租模式	只支持整机架出租业务	既支持整机架出租业务，也支持机位出租（即主机托管）业务
租户接入方式	租户自带网关，以 L3 的方式接入运营商网络	租户不带网关，以 L2 的方式接入运营商网络，由运营商提供网关
租户访问互联网	运营商提供公网 IP 或租户自带公网 IP	运营商提供公网 IP 或提供私网 IP+ 公网 IP NAT/EIP 服务
租户内部互访	跨机架 / 机房私网二三层互通、跨公网三层互通	跨机架 / 机房二层互通、跨网关三层互通
增值业务（FW/NAT/LB/VPN）	由租户自行部署	由运营商提供

综上，IDC资源租赁场景需求总结如下。

- 运营商侧设备高效自动化开通且支持IDC客户自助服务。
- 运营商支持为客户搭建跨机架、跨机房的低成本L2VPN/L3VPN服务。
- 运营商可以灵活提供多种增值业务，满足不同IDC客户的差异化诉求。

目前认为，软件定义网络是可以很好地满足上述业务需求的解决方案。

4.2.3　IDC 网络向 SDN 转型

针对上述传统IDC资源租赁业务面对的种种挑战与业务场景，需要对传统的业务运营方式进行改变。结合数据中心整体云化演进趋势，利用SDN技术对IDC资源租赁业务进行改造，成为业界的趋势。图4-10示出了IDC SDN网络化配置。

网络SDN技术具备的主要优势如下。

- 自动化能力：使用网络控制器自动下发网络配置，实现业务发放自动化、网络运维可视化。
- 租户自助服务：网络控制器提供业务下发的Portal页面并开放API，运营商可自主开发业务下发的专用Portal，并以此向租户提供自助服务能力，租户可以随时登录业务Portal来快速调整自己的业务配置，这极大地减少了运营商的运维工作量。

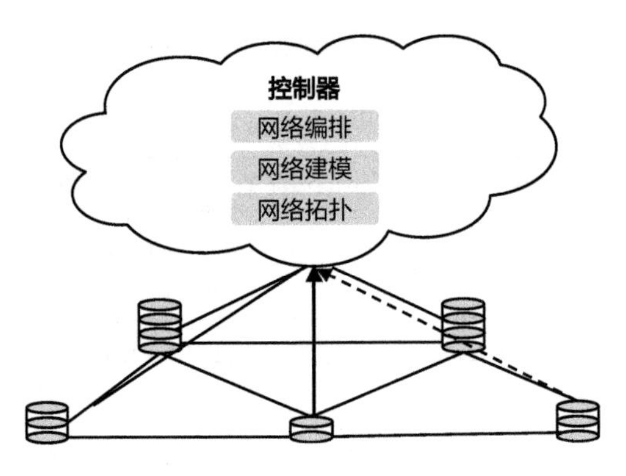

图 4-10　IDC SDN 网络化配置

- 低成本VPN隧道：通过交换机部署VXLAN Overlay技术构建一个逻辑上的大二层网络，可有效整合机架碎片、提高资源利用率。
- 跨DC服务：可以构建主备/双活数据中心，实现跨DC的二三层互联，使得租户不会独占裸纤/波通道资源，从而提高基础资源使用率。
- 灵活VPC服务：运营商可以将网络资源切片作为逻辑资源出租，例如以VPC为粒度向客户提供L4～L7增值业务（FW/LB/VPN/NAT等），提升运营商的竞争力和盈利水平。

| 4.3　运营商 IDC 网络架构设计 |

随着SDN和Overlay技术的兴起，两者的结合给解决如上问题带来了突破。华为数据中心解决方案依托iMaster NCE统一平台开发了SDN控制器和分析器。结合VXLAN和SDN技术，构建数据中心承载网，通过控制器对网络抽象建模，在模型的基础上高效编排网络配置，给传统IDC带来了如下显著的价值。

- 交换机采用VXLAN实现跨机房隧道技术，使得租户不会独占裸纤/波通道资源，降低了部署成本，提高了基础资源使用率。
- 控制器实现了跨机房的资源拉通管理，打破了机房间的边界，实现了碎片化机房资源的整合与最大化利用。
- 控制器作为运营商IDC网络设备控制入口，可以从全局角度控制网络资源，提供高可靠网络编排体验。

华为CloudFabric数据中心网络解决方案中，IDC整体方案如图4-11所示。运营商数据中心的管理员可以通过控制器的自动业务编排页面来控制管理多个中心机房的网络业务。中心机房可以下联一个或多个边缘机房。

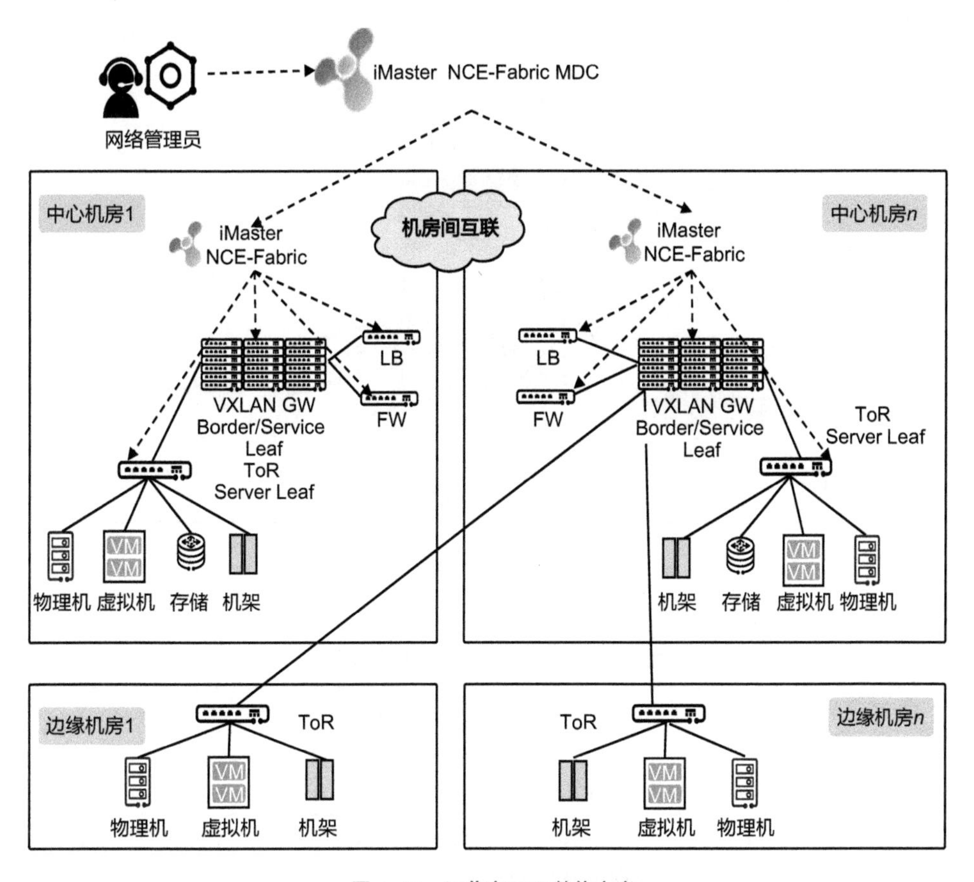

图 4-11　运营商 IDC 整体方案

IDC整体方案由如下几个关键部分构成。

- iMaster NCE-Fabric MDC（Multi-Domain Controller，多域控制器）：用于跨DC、跨机房的网络控制编排。
- iMaster NCE-Fabric：单DC控制器，用于DC内跨机架网络控制编排。
- ToR和VXLAN GW：使用CloudEngine交换机承载，组成承载业务的Fabric网络。
- LB和FW：可以让运营商为IDC租户提供增值业务。

Fabric承载网是整个方案的核心，负责运营商多个IDC机房或者多个机架的互联互通。如图4-12所示，建议Fabric采用Spine-Leaf架构，Border Leaf和Service Leaf可以合并部署，但为了业务灵活扩展需要，建议与Spine分开部署。Spine与Leaf之间交叉全互联，形成高可靠的ECMP负载分担连接。物理组网角色及相关说明见表4-2。

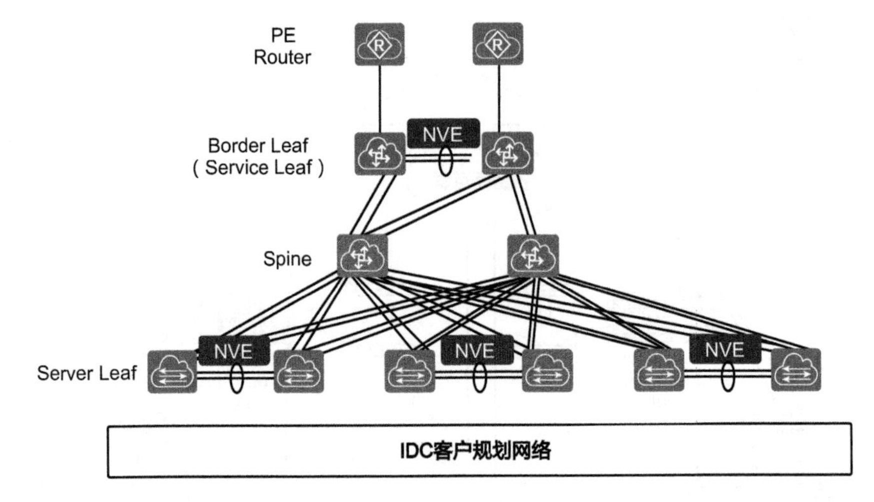

图 4-12　Fabric 部署方案

表 4-2　物理组网角色及相关说明

物理组网角色	含义和功能说明
Spine	骨干节点，VXLAN Fabric 网络核心节点，提供高速 IP 转发功能，通过高速接口连接各个功能 Leaf 节点
Leaf	叶子节点，VXLAN Fabric 网络功能接入节点，提供各种网络设备接入 VXLAN 的功能（NVE 设备）
Server Leaf	Leaf 功能节点，提供服务器、租户网络接入 VXLAN Fabric 网络的功能
Border Leaf/ Service Leaf	Leaf 功能节点，提供数据中心外部流量接入数据中心 VXLAN Fabric 网络的功能，用于连接外部路由器或者传输设备。同时，提供 FW 和 LB 等 L4 ~ L7 增值业务接入 VXLAN Fabric 网络的功能

在Spine-Leaf组网架构中，Leaf设备需要连接到所有Spine设备，设备间使用L3接口互联，构建IP网络，避免二层网络环路以及部署类破环协议[例如MSTP（Multiple Spanning Tree Protocol，多生成树协议）等]带来的性能损耗。Server Leaf根据连接的租户网业务类型不同，可使用不同的收敛比，根据跨机架业务量较大的特点，推荐Leaf的收敛比为1：1~1：2，以免上行接口带宽不足导致拥塞

加剧，影响业务运行。

Spine设备是Fabric的交换核心，提供海量的Server Leaf间转发能力。任一Spine需连接到所有Server Leaf。

Leaf设备组可使用多种灵活组网方式，如堆叠、M-LAG或独立部署。因M-LAG在设备升级维护、运行稳定等方面取得了较好的平衡，因此推荐使用M-LAG机制的Leaf设备组。

如图4-13所示，两台交换机间部署Peer-link，设备配置M-LAG特性组成一个逻辑设备组。与控制面强耦合的堆叠不同，这两个设备具有各自独立的控制面，升级时，相互影响很小。在VXLAN中，同一设备组内的两台交换机使用相同的VXLAN隧道地址，提供Underlay平面AnyCast转发技术。

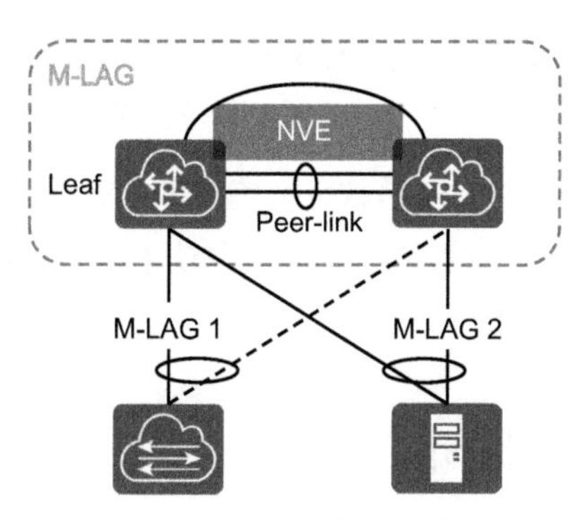

图 4-13　M-LAG 设备组部署方案

Fabric承载网使用交换机的VXLAN特性构建跨DC、跨机架的L2/L3隧道。交换机用作VXLAN隧道的端点，有两种子方案可供选择：集中式VXLAN网关方案，此时Server Leaf作为VXLAN二层接入设备，VXLAN路由设备部署在Border Leaf；分布式VXLAN网关方案，此时Server Leaf作为VXLAN分布式路由设备，可以将集中式网关的规格、性能压力分担给多个分布式网关设备。两种子方案的对比详见表4-3。

表 4-3　集中式和分布式 VXLAN 网关方案对比

项目	集中式 VXLAN 网关方案	分布式 VXLAN 网关方案（推荐）
组网定义	数据中心南北向和东西向由同一组 VXLAN GW 设备承担。 每组 VXLAN GW 内由堆叠或多活保证网关组可靠性	数据中心南北向和东西向由不同组 VXLAN GW 设备承担：东西向 VXLAN GW 由接入设备承担；南北向 VXLAN GW 由框式或盒式设备独立承担

续表

项目		集中式 VXLAN 网关方案	分布式 VXLAN 网关方案（推荐）
适用场景	规模	支持的 VPC 数量有限（支持数量由 VXLAN GW 设备决定，不易扩充）	可支持海量 VPC（通过扩展 Leaf 设备实现）
	可靠性	L2 接入可靠性通过 ToR 设备级堆叠或 M-LAG 保证。 L3 可靠性可通过设备级双活保证，也可通过 BGP-EVPN 协议保证。 L2 故障域与 L3 故障域隔离	L2 接入可靠性通过 ToR 设备级 M-LAG 保证。 L3 可靠性通过 BGP-EVPN 协议保证。 L2 故障域与 L3 故障域重叠
	流量模型	三层流量全部由 VXLAN GW 交换，东西向流量绕行。 VXLAN GW 设备容易成为整网性能瓶颈	南北向流量经过 VXLAN GW 转发。 东西向流量在 DVR（Distributed Virtual Router，分布式虚拟路由器）间直接转发，不经过 VXLAN GW 绕行

华为CloudFabric数据中心网络解决方案下的VXLAN硬件分布式网关，支持通过iMaster NCE-Fabric控制器统一管理，自动下发业务配置，可以有效降低分布式网关管控层面的复杂度。

4.3.1 Underlay 网络设计

根据业务需要，SDN方案将Fabric分为Underlay网络平面和Overlay业务平面，多个IDC客户租赁的网络资源部署在Overlay业务平面，彼此隔离，不允许在数据中心内相互访问，以此保障各IDC客户业务的安全性。

Underlay网络平面作为承载所有Overlay业务的基础网络平面，有着举足轻重的作用，若Underlay网络发生故障，将影响所有Overlay业务的稳定运行。针对Underlay网络，推荐使用动态路由协议构建全IP可达的基础网络，利用动态路由故障感知快速收敛特性，满足高可靠要求。

当前，在IDC领域有两种主流的动态路由协议OSPF和BGP。

1. OSPF路由设计

OSPF因配置和维护简单，只需要在所需接口使能及发送少量命令。同时，OSPF协议自身还可以感知端口故障，并触发协议快速收敛，具备简单可靠的性质。OSPF在企业的使用场景非常广泛，网络管理人员通常都比较熟悉OSPF协议，也大都具备较为丰富的配置、维护经验，因此OSPF是IDC网络中Underlay

网络平面的首选路由协议，如图4-14所示。当然，OSPF也有其自身的缺点，例如支持大规模网络的性能欠佳等，运营商可以基于自身机房规模选择是否使用OSPF。

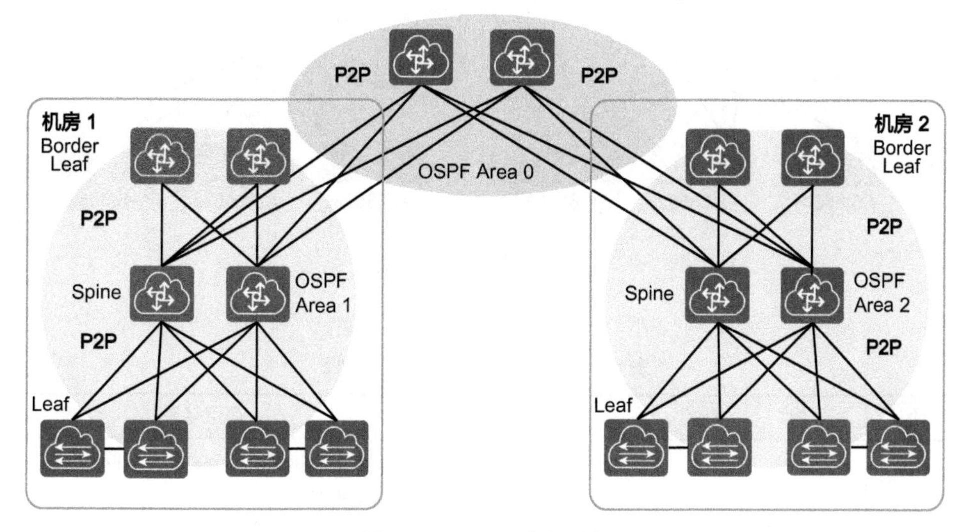

图 4-14　OSPF 路由设计

跨机房核心交换机设备部署OSPF Area 0，连接多个机房的区域。在某机房内部Spine-Leaf节点交换机部署Area *n*，设备间使用路由接口P2P方式建立OSPF邻居，打通Underlay路由。Leaf节点需要配置NVE设备的VTEP地址，建议与OSPF Route ID使用不同的回送接口，例如Route ID配置Loopback 0、VTEP配置Loopback 1，两类接口均配置在Underlay网络平面。

2. BGP路由设计

通常，当IDC网络交换机的设备数量超过200台时，Underlay网络使用OSPF协议就不再具备显著的优势。一方面，OSFP在大规模网络收敛效率方面不如BGP；另一方面，OSPF在故障场景下，端到端故障域较大。在大规模场景下，推荐采用BGP打通Underlay IP网络，如图4-15所示。

从图4-15可知BGP设计原则为：机房内每组Leaf设备组划分有独立的AS号，全网不重复；每个机房内同级的Spine设备配置同一组AS号；Leaf和Spine之间配置EBGP邻居；跨机房核心设备与机房内Spine设备间配置EBGP邻居；打通Underlay路由平面。表4-4给出了Underlay路由协议选择。

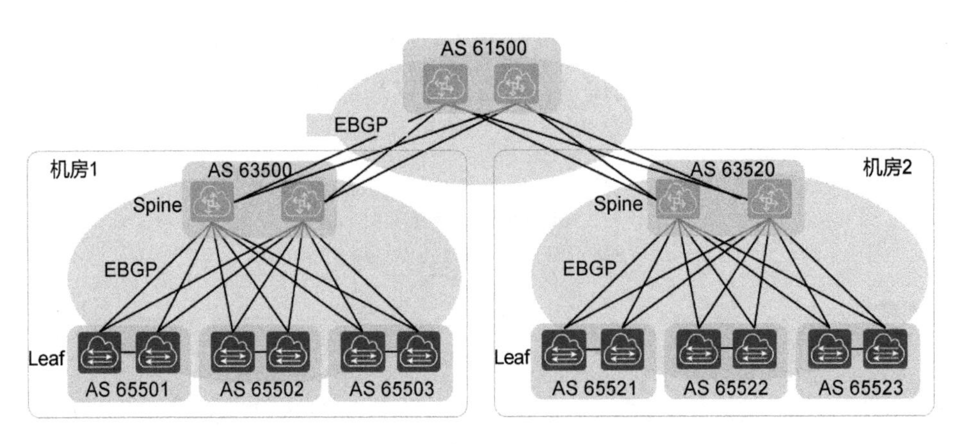

图 4-15　BGP 路由设计

表 4-4　Underlay 路由协议选择

协议	优点	缺点	适用场景
OSPF	OSPF 路由协议部署简单； OSPF 路由在一定规模内收敛快速	OSPF 路由域规模受限； 故障域较大	中小型网络单 Area 及大型网络三层架构多 Area； 建议邻居数量少于 200 个； 建议多 PoD 规划，单 PoD 邻居数量少于 100 个，避免路由域过大，影响网络性能
EBGP	每个分区路由域独立，故障域可控； 路由控制灵活，可灵活扩展规模； 适合大规模组网	配置复杂	中大型网络； 建议邻居数量多于 200 个

4.3.2　Overlay 网络设计

1. 大型租户业务网络设计

如前文所述，大型租户的业务场景关键标志之一是租户在运营商网络下部署网关设备，并在网关内规划设计自有网络架构。租户的服务器流量通过租户的三层网关设备以及运营商VXLAN中的Border Leaf来访问外网。

（1）单机房出租

如图4-16所示，租户网络中不同灰度的色块（图中底部）表示不同网段的租户服务器，服务器以VLAN的方式接入租户交换机。L3 GW和FW设备均由租户自行提供和部署。

当租户的服务器需要二层通信时，直接在租户二层网关上就可以实现。当租户的服务器需要访问互联网公网时，流量会流经租户网络的网关和FW，然后再进入运营商的VXLAN网络域中，最终到达互联网公网。当租户的服务器之间需要完成跨网段的三层互访时，流量需要经过运营商网络VXLAN封装后，到达自己的三层网关，再由三层网关设备查表，之后转发给目的服务器。图4-16中的粗实线体现了最复杂的三层通信流量绕行线路。

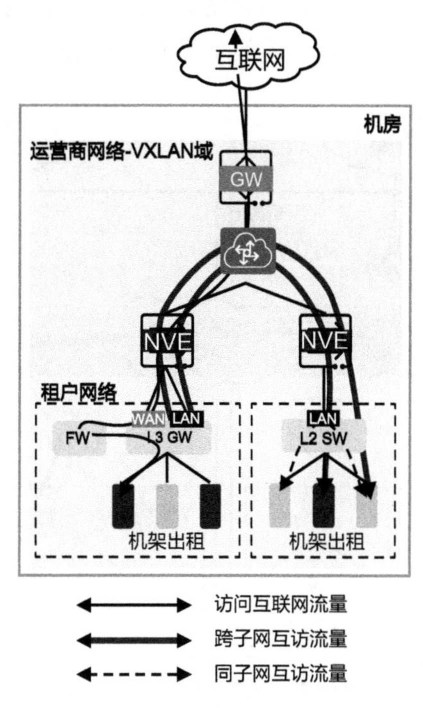

图 4-16　单机房出租流量示意

租户在运营商单个机房按机架粒度来租用，租户自行部署三层网关，接入运营商网络。自行部署的VAS设备对运营商来说不可见。租户的服务器如果想要访问互联网，则租用运营商的公网IP和带宽，访问互联网的接口（WAN口）与租户内跨机架二层互访的接口分离（LAN口）。二层业务以VLAN方式接入租户交换机，机房内机架间VXLAN二层互通。

运营商侧提供公网IP地址出租和地址池管理、端口接入限速、公网访问限速等服务。运营商与租户间通过静态/动态路由BGP传递路由信息。

（2）跨机房出租

租户同时租用多个数据中心机房，每个机房都独立地提供通往互联网的出口。当租户的服务器需要二层通信时，通过租户二层网关就可以实现；如果要跨机房二层通信，则依赖运营商VXLAN转发。当租户的服务器需要访问互联网时，服务器流量到达自己的三层网关后，三层网关会从自己机房的出口就近访问互联网。

如图4-17所示，当租户的服务器之间需要完成跨网段的三层互访时，虚线所示的流量需要先经过自己网络的三层网关，查表后，通过该运营商VXLAN封装，到达目的网关，再由目的三层网关设备查表，之后转发给目的服务器（如图中底部浅灰底纹所示）。图中的粗实线呈现了跨机房的三层通信流量绕行线路。

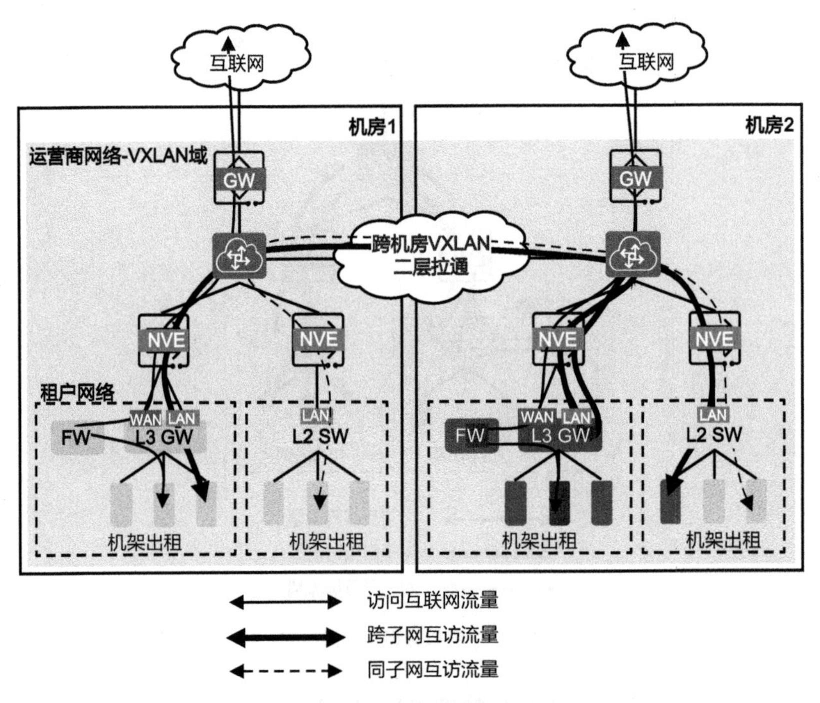

图 4-17　跨机房出租示意

对于跨机房流量，每个机房内的路由设计与单机房相似，在此不再展开赘述。

2. 中小型租户业务网络设计

中小型租户没有独立规划设计复杂租户网络的能力，依赖运营商提供业务网络。

（1）单机房出租

租户本身没有业务网关，完全使用运营商提供的网关设备以及FW等VAS设备。当租户的服务器需要二层通信时，直接在运营商二层网关上就可以实现。当租户的服务器需要访问互联网时，流量会流经租户网络的网关（运营商提供），此时在运营商网络中的两个NVE设备之间需进行VXLAN报文的封装。流量到达业务网关后，解封装VXLAN报文并发往FW，然后再返回运营商网关，最终到达互联网。

如图4-18所示，当租户的服务器之间需要完成跨网段的三层互访时，流量需要经过运营商网络VXLAN封装后，到达运营商提供的业务网关（GW），再由业务网关设备查表后转发给租户的目的服务器。

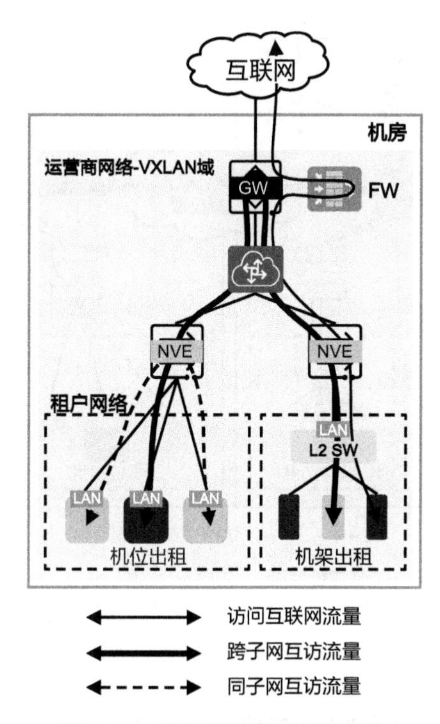

图 4-18　单机房出租场景流量示意

单机房出租场景的主要特点是租户在运营商单个机房按机位或机架粒度来租用。租户机架间通过VXLAN二层互通。运营商提供业务网关，租户二层接入运营商网络，运营商部署VAS设备，向租户提供VAS服务。运营商向租户提供私网IP，租户通过私网IP+NAT的方式访问互联网，或通过私网IP+EIP的方式向外提供服务，租户自助服务，按需自定义二/三层网络，按需申请VAS服务。

（2）跨机房出租

租户同时租用多个数据中心机房，每个机房都独立地提供通往互联网的出口。当租户的服务器需要二层通信时，通过运营商提供的二层网关就可以实现；如果要跨机房二层通信，则依赖运营商VXLAN转发。

如图4-19所示，机房1中的服务器流量会流经机房1中运营商提供的南北网关（GW）和FW，最终到达互联网。机房2中的服务器流量会流经机房2中运营商提供的南北网关（GW）和FW，最终到达互联网。

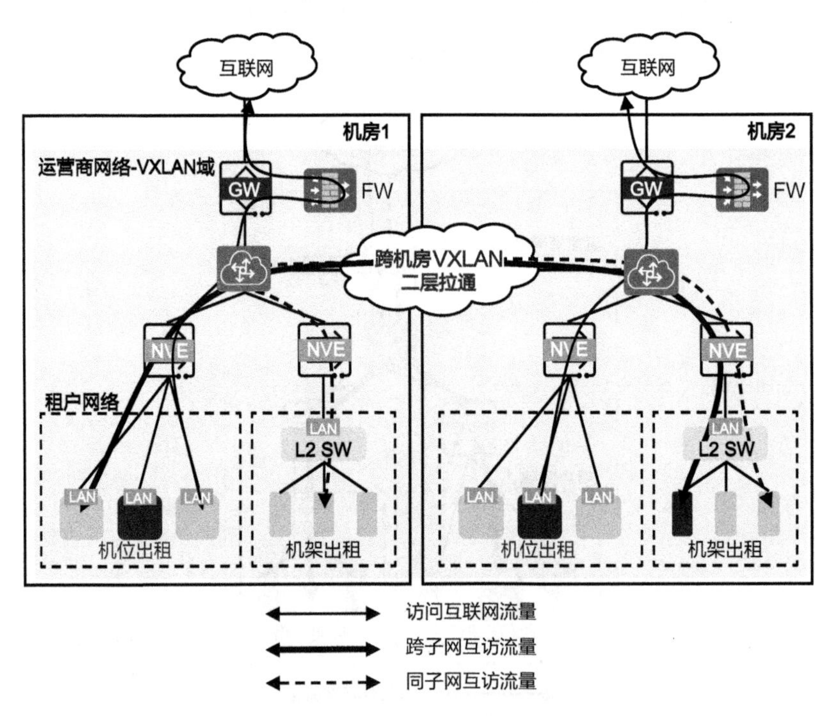

图 4-19　跨机房出租场景流量示意

当租户的服务器之间需要完成跨网段的三层互访时，虚线所示的流量需要先经过自己网络的三层网关，查表后，通过该运营商VXLAN封装，到达目的网关，再由目的三层网关设备查表，之后转发给目的服务器（如图中底部浅灰底纹所示）。

跨机房独立出口场景的主要特点是，租户在运营商多个机房按机位或机架粒度来租用，机房之间通过VXLAN部署一个大二层网络，租户机架或机房之间通过VXLAN二层互通。运营商提供集中或分布式网关，各机房提供独立的互联网出口，机房内的流量可以就近访问互联网。租户二层接入运营商网络，并部署VAS设备，向租户提供VAS服务。运营商向租户提供私网IP，租户通过私网IP+NAT方式访问互联网，或通过私网IP+EIP方式向外提供服务。

4.3.3 IDC 网络可靠性设计

1. 可靠性设计总体原则

以Server Leaf+Spine+Border Leaf三层架构组网为例，推荐通过链路、设备冗余备份机制，提升网络的整体可靠性。网络故障点及应对措施如表4-5所示。

表 4-5　网络故障点及应对措施

故障点	可靠性描述
服务器链路故障	服务器双归接入，网卡实现负载分担或网卡主备模式，当服务器的一条链路发生故障时，业务倒换到冗余（备份）链路
Server Leaf/Border Leaf 设备故障	Server Leaf/Border Leaf 配置 M-LAG 工作组，当一台 Server Leaf/Border Leaf 设备发生故障时，业务倒换到另一台 Server Leaf/Border Leaf 设备上继续转发
Leaf 上行链路故障	Leaf 和 Spine 间通过多条链路实现 ECMP，当一条上行链路发生故障时，业务哈希到其他链路继续转发
Spine 设备故障	当一台 Spine 设备发生故障时，流量从另一台 Spine 设备转发
FW 故障	FW 配置主备镜像，配置和会话表实时同步，当主 FW 发生故障时，流量切换到备 FW 设备
Peer-link 故障	当 M-LAG 组中互联的 Peer-link 发生故障时，通过双主检测，触发备状态的设备上除管理网口、Peer-link 接口以外的接口处于 Error-Down 状态，避免网络出现双主的状态，提高可靠性
PE 与 Border Leaf 之间链路故障	当某台 Border Leaf 设备与外部网络连接发生故障时，通过路由收敛，自动启用切换到外部网络的备份路径继续转发，SDN 控制面不感知故障
单板故障	当使用框式设备组网时，框式设备的上下行链路以及堆叠、Peer-link 建议跨板连接，实现单板级可靠性

2. Border Leaf设备可靠性

在设计中，推荐两台Border Leaf交换机组成双活网关。两台Border Leaf设备在Underlay平面配置相同的虚拟VTEP IP，组建高可靠AnyCast转发，Border Leaf和Server Leaf建立VXLAN隧道。

Border Leaf和PE之间以口字形或交叉型方式组网。Border Leaf和PE通过Eth-Trunk对接。FW可旁挂或直挂组网，一般采用旁挂。两台FW设备主备备份。单台FW设备通过Trunk接口双归到两台Border Leaf。Border Leaf通过Eth-Trunk口和FW连接。

（1）Border Leaf与外部PE口字形组网可靠性

两台Border Leaf设备分别将指向外部网络的静态或动态私网路由引入三层逃生链路并发布，以便建立到外部网络的备份路径。当某台Border Leaf设备与外部网络连接发生故障时，通过路由收敛后，自动启用到外部网络的备份路径继续转发。

网络侧内部链路发生故障时，路由收敛依赖于IGP（Interior Gateway Protocol，内部网关协议）动态路由的能力。当某台Border Leaf设备发生故障时，网络通过路由收敛完成转发路径切换。

（2）Border Leaf与外部PE交叉型组网可靠性

两台Border Leaf设备使用4个L3接口与PE对接，物理组网交叉连线，分别建立私网EBGP会话或者静态路由传递路由信息。Border Leaf在交叉型组网的情况下可以不需要部署L3逃生路径。

网络侧内部链路发生故障时，路由收敛依赖于IGP动态路由的能力，当某台Border Leaf设备发生故障时，网络通过路由收敛完成转发路径切换。

3. Spine设备可靠性

在数据中心网络Spine-Leaf架构下，单纯的Spine设备角色本身彼此无须物理连线连接，各设备独立运行在Underlay路由网络中。Spine设备上连Border Leaf设备，下连Server Leaf设备，均使用三层路由口互联。当某台Spine设备的链路或者整机发生故障时，上下层设备通过动态路由协议收敛Underlay路由，将流量引导到正常的Spine链路或者设备承载。

由于Spine设备间可靠性耦合较小，因此其自身的可靠性是主要的考虑因素，推荐使用单设备可靠性更高的框式交换机进行部署。

框式交换机设备采用多种冗余技术提高设备的可靠性，包括主控单元的冗余备份、监控单元冗余备份、交换单元的冗余备份、电源模块的冗余备份、风扇冗余备份等。当上述冗余的模块发生故障时，可以通过热插拔方式替换，保证整机持续处于高可靠状态。

另外，接口板也可以通过配置多块单板、多链路跨板接入方式保证链路侧的可靠性，接口板同样支持热插拔替换。

4. Server Leaf设备可靠性

Server Leaf设备的部署方式与服务器网口连接方式有关。如图4-20所示，Server Leaf设备的本身分为单机设备组、堆叠设备组、M-LAG设备组几种部署方式。其中，单机设备组场景下，服务器网口必须使用主备方式连接（Bonding

主备或者Non-Bonding主备均可）；堆叠设备组与M-LAG设备组场景下，服务器网口可以使用主备方式连接，也可以使用负载分担方式连接。

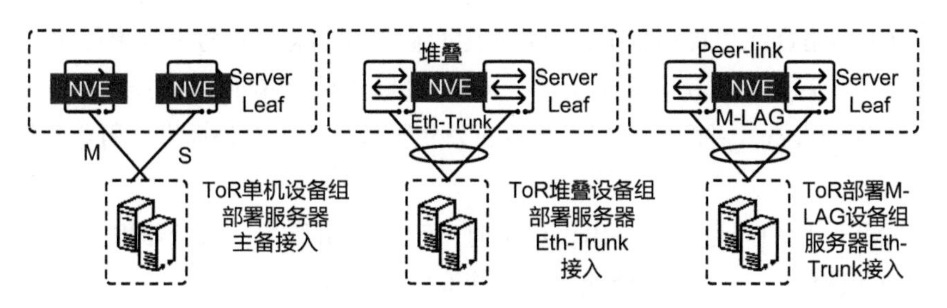

图 4-20　Server Leaf 设备的部署方式比较

Server Leaf设备的三种部署方式各有特点，具体比较如表4-6所示。单机设备组部署的两台设备完全解耦，相关性最小，但对服务器有一定的要求（所有服务器均需主备方式连接）。堆叠设备组部署对服务器连接方式友好，但设备之间耦合度高，运维升级的体验较差。M-LAG设备组部署选择了折中的方案，一方面，服务器接入流量支持主备与负载分担方式，另一方面，设备间的控制面相互独立，运维升级时彼此影响很小。因此，Server Leaf推荐使用M-LAG方式接入服务器。

表 4-6　Server Leaf 设备的部署方式比较

部署方式	特点	管理复杂度	可靠性
单机设备组部署	ToR 独立部署，服务器双网卡 Bond，主备模式接入两台 ToR 设备，同一时间只有一个网卡收发报文。主备网卡切换时接收流量的 NVE 变化，依赖于发生切换的服务器发送 BUM（Broadcast，Unknown-unicast，Multicast，广播、未知单播、组播）流量进行引流	中	高
堆叠设备组部署	两台 ToR 堆叠为一台逻辑设备，单控制面，管理简化。服务器网卡 Bond 运行在主备或负载分担模式。逻辑设备升级维护流程较为复杂	低	中
M-LAG 设备组部署	两台 ToR 设备通过 Peer-link 互联并建立 DFS Group，对外表现为一台逻辑设备，但又各自具有独立的控制面，升级维护简单，运行可靠性高。下连口配置 M-LAG 特性双归接入服务器，服务器双网卡运行在主备或负载分担模式。因设备有独立控制面，故部署配置相对复杂	高	高

4.4 运营商IDC网络业务下发

在IDC网络资源租赁场景中，租户与运营商之间的总体业务下发流程如下。

步骤① 运营商机房管理员搭建、预配置机房中的基础网络，通过控制器发现、纳管物理设备，并配置可用资源池和公共服务等，为对外提供出租业务打下基础。

步骤② 租户向运营商提出租用意向，明确租用形式（服务器租用/服务器托管/机柜租用）、带宽、增值业务等，并签订租用合同。

步骤③ 租户将服务器及租户的网络设备运送入机房，完成硬件安装和基础调测。

步骤④ 运营商机房管理员在控制器界面上创建租户的账户，并根据已经签订的合同内容，为该租户创建、编排VPC网络和业务链。控制器将VPC中编排好的业务和访问策略分别下发至交换机和防火墙，完成自动化配置。

步骤⑤ 租户从运营商处获得服务器的IP、租户的账号和密码等，并可正常使用网络。

步骤⑥ 租户通过运营商提供的自助服务界面进行运维。控制器北向开放API，运营商可根据API自行开发租户的业务配置和运维界面，从而实现租户自助服务。

第 5 章
运营商数据中心网络运维设计

随着数据中心业务云化以及NFV技术的不断成熟，电信网络设备逐渐从专业硬件平台迁移到数据中心中通用的x86硬件平台。数据中心从某种意义上来说，相当于一个超级分布式操作系统，而数据中心网络作为VNF网元间的互联通道承载了所有的业务流量、管理流量和存储流量。因此数据中心网络必须长期稳健运行，对运维的要求越来越高。本章在分析运维挑战的基础上，给出建议的运维方案。

| 5.1 运营商数据中心网络运维的问题与挑战 |

随着运营商数据中心内服务器规模的不断增大，以及上层业务对网络灵活扩展、自动化编排的要求，运营商用户逐步在数据中心网络内引入VXLAN网络虚拟化技术，通过在基础的IP Underlay网络上叠加VXLAN Overlay网络，从而实现网络的资源池化以及灵活扩展。同时，用户在数据中心内部署SDN控制器来实现网络建模、业务抽象等功能，用以提高网络的自动化能力，并通过SDN控制器与OpenStack Neutron接口对接，来实现计算资源与网络服务的按需自助、敏捷交付。数据中心网络引入VXLAN及SDN技术后，极大地提升了运营商数据中心内网络业务的发放速度，但是也给运营商数据中心网络运维人员带了以下诸多新的挑战。

1. 新建、扩容、设备替换等场景仍依赖手工配置

数据中心网络引入SDN技术之后，极大地提升了网络业务的发放速度，但是在新建数据中心网络、扩容网络、设备替换等场景，仍然主要依赖人工手动配置。数据中心内网络设备越来越多，如果这些操作均依赖人工，非常容易出错，且出错后很难排查具体的错误位置，进而导致数据中心业务上线延期。在数据中心网络设备替换和扩容场景中，可能因为人工操作不当而影响已经部署的业务。

2. 物理网络和逻辑网络运维互相割裂

数据中心SDN技术中引入了Overlay网络来实现对网络的抽象及自动化编排。在SDN控制器上，网络业务的编排对象是Overlay网络中的Logical Switch、Logical Router等逻辑对象，而真正下发到物理设备上的是Bridge-Domain、VRF等配置对象。同时，数据中心业务云化之后，数据中心网络运维的规模和传统网络相比也增加了许多倍。用户在进行日常运维及问题定位时，需要人工将SDN控制器上的逻辑编排对象和物理设备上的配置对象进行梳理关联，而人工进行这些操作，会使网络运维的效率非常低，且准确率过于依赖运维人员的经验及技术能力，无法满足运营商数据中心对网络运维效率和成本的要求。

3. 网络变更频率及工作量大幅度增加

数据中心内网络设备数量众多且配置复杂，云计算及容器技术给业务应用带来敏捷性的同时，也增加了网络的复杂性及网络业务发放和变更的频率。网络变更前，运维人员需要评估设备上的资源以及变更内容是否可以满足新的业务需求，避免由于设备资源不足或配置错误导致业务下发失败，也避免新业务下发影响到已有业务的正常运行。目前，变更前的资源计算及变更后的效果评估完全依赖人工经验，网络变更频率的大幅增加，导致变更实施前的评估工作变得越来越具有挑战性。

4. 故障发现依赖业务异常被动感知

SDN技术在运营商数据中心网络内的应用极大地提高了网络资源池化、配置自动化的程度，但是数据中心内网络故障的发现能力并没有伴随着SDN技术的引入而提高，网络故障的发现大多仍然依赖业务异常后的被动响应。运营商IT系统业务、电信云业务对数据中心网络承载的业务连续性要求越来越高，传统数据中心网络依赖业务异常被动感知的运维模式，逐渐无法满足运营商业务连续性的要求。运营商云数据中心需要网络系统能够主动感知网络故障，并快速隔离、修复故障问题，以提高数据中心业务整体的连续性。

5. 网络故障定位及修复耗时长

传统数据中心网络故障定位及修复主要依赖于业务异常以及网络设备的日志、告警触发，然后网络运维人员手工进行故障复现，同时使用Ping、

Traceroute、流量统计、抓包等手段逐步对故障范围定界，最终定位和修复故障点。定界、定位和修复过程往往需要数小时甚至数天的时间。数据中心内一部分故障为偶发性网络故障，这类故障往往很难人为复现，需要等待业务再次出现异常，这种情况下，网络运维人员需要长时间进行流量统计、抓包等操作，以捕获故障发生时的网络状态及业务信息，这导致数据中心内对偶发性故障的定位及修复过程可能持续数周乃至数月。

5.2　数据中心网络物理设备快速上线

数据中心网络中物理设备快速上线可以通过ZTP（Zero Touch Provisioning，零配置部署，业界常称零配置开局）功能来实现，ZTP不仅可以实现物理设备零配置上线，还可以实现设备快速扩容和替换。

5.2.1　零配置开局方案

新建数据中心场景的主要难点在于接入交换机设备数量极大，如果这些设备均通过人工手动配置，非常容易出错，且出错后很难排查具体错误位置，进而导致数据中心业务上线延期。在扩容数据中心场景下，可能因为配置不当而影响已经部署的业务。

1. ZTP简介

针对这种设备大规模部署场景，开发了ZTP零配置开局技术，实现批量、自动化地为交换机下发设备程序及设备启动文件，优化开局部署流程，加快业务上线速度。零配置开局功能可以提高设备部署、日常维护和故障处理的效率，降低人力成本。当设备规划完成后，无须网络管理员到安装现场对设备进行软件调试，在设备空配置的情况下，设备上电后即可自动连接到指定的管理设备，加载指定的配置文件、设备软件大包、License文件等系统文件，实现设备快速部署。

2. ZTP技术原理

ZTP作为网络自动化部署的一个服务组件，其总体目标为实现设备Underlay配置自动化。设备通过ZTP上线后，可自动被控制器纳管，自动加入Fabric资源池中，为Overlay业务的发放做好充分准备。设备通过ZTP上线的关键点为ZTP程序如何识别零配置上电的设备，并将设备的配置文件或网络规划参数精准地推送给该设备。传统ZTP的方案采用ESN（Equipment Serial Number，设备序列号）、MAC等设备的唯一信息作为设备身份的唯一索引，虽然也能够实现精准的配置文件或网络规划参数推送，但获取和收集设备ESN或MAC信息的人工操作相对烦琐。

华为数据中心SDN控制器iMaster NCE-Fabric提供的ZTP功能，采用人为规划设备唯一索引的方式来开局，这种自定义索引方式使用设备身份标识，更符合用户习惯，也消除了对设备ESN等的依赖。在实际部署过程中，用户可以使用便于规划和管理的信息作为设备的唯一索引，例如使用设备物理位置“RoomNum-ShelfNum-FrameNum”作为设备索引。该唯一索引随拓扑模板导入控制器，由控制器将待开局设备的身份索引配置到已上线设备的互联端口，再由已上线设备的互联口通过LLDP TLV（Type-Length-Value，类型长度值）字段通知给对端设备（也就是待上线设备），待上线设备收到该TLV后，将该索引信息写到设备Sysname中。同时，待上线设备从DHCP Server获取临时IP，向控制器发起建立连接请求，控制器接收到请求后，向设备获取Sysname，即可识别该设备身份，进而精准地推送该设备的配置或规划信息。

下面结合图5-1进行说明。

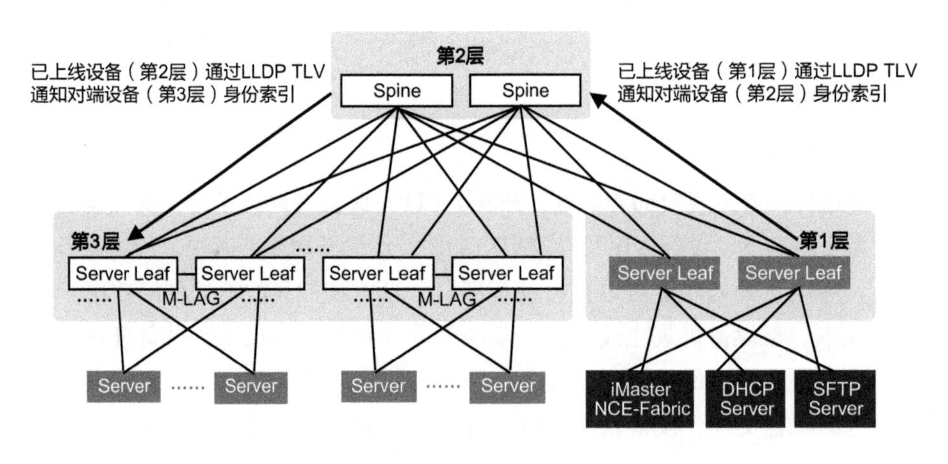

图 5-1　通过自定义设备索引方式自动化上线原理

首先，手工开通第1层Server Leaf设备组，使之成为已上线设备。然后，导入规划拓扑文件，执行ZTP，接下来已上线设备和待上线设备都会执行ZTP脚本，已上线设备的Server Leaf设备从控制器获取到与自身相关的拓扑规划信息，获取自己与第2层Spine设备的连接信息，例如，Server Leaf A的Port 1连接Spine A的Port 1，Server Leaf A的Port 2连接Spine B的Port 1。然后Server Leaf A的Port 1发送LLDP报文，该报文携带TLV并告知对端设备的索引为Spine A的索引，同样，Server Leaf A的Port 2发送LLDP TLV，告知对端设备的索引为Spine B的索引。Spine A和Spine B将LLDP收到的索引信息作为Sysname。

如前所述，ZTP组网大多为Spine-Leaf三层或二层的多层架构，而LLDP是一个只能在直联的相邻节点间通信的协议，身份索引是一个逐级扩散上线过程，下一层Server Leaf设备需要依赖上层已上线的Spine设备获取自身索引。因此，ZTP过程设备需要分层或逐层上线，即Spine设备先上线，待上线后再进行Server Leaf层上线。

另一种场景为如图5-2所示的带外组网情况，其中的带外管理交换机不支持运行ZTP脚本，因而无法通过LLDP携带下一层设备身份索引属性，此时让第1层待上线的Spine设备通过ESN身份识别，根据ESN获取配置或规划信息ZTP上线，使第1层设备成为已上线设备，然后第2层Server Leaf设备再通过用户自定义的身份索引自动化上线。整个过程只有Spine设备需要输入ESN，其他设备仍然使用自定义的身份索引。

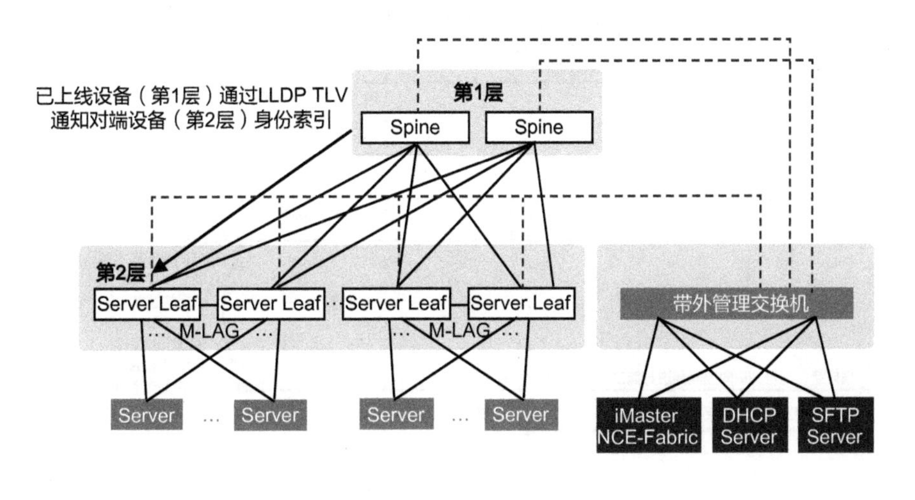

图 5-2　带外组网情况下 Spine-Leaf 身份识别原理

接下来以Server Leaf设备上线为例，进一步说明ZTP中设备上线的原理，其过程如图5-3所示。

设备通过ZTP上线的预置条件是：管理员按照拓扑规划完成对设备进行上架等物理安装和连线；管理员导入规划拓扑等开局文件，在控制器上执行ZTP，Spine设备（第1层）ZTP上线成功，成为已上线设备。

在Step 1，系统会执行以下动作。

发现阶段：待上线设备上电后，作为DHCP客服端，自动发起DHCP DISCOVER广播请求报文寻找DHCP服务器。

提供阶段：DHCP服务器从地址池选择一个IP地址，通过DHCP OFFER报文发送给DHCP用户端。

选择阶段：如果有多台DHCP服务器向DHCP用户端回应DHCP OFFER报文，则DHCP用户端只接收第一个收到的DHCP OFFER报文。然后，以广播方式发送DHCP REQUEST请求报文，该报文中包含服务器标识选项（Option 54），即它选择的DHCP服务器的IP地址信息。

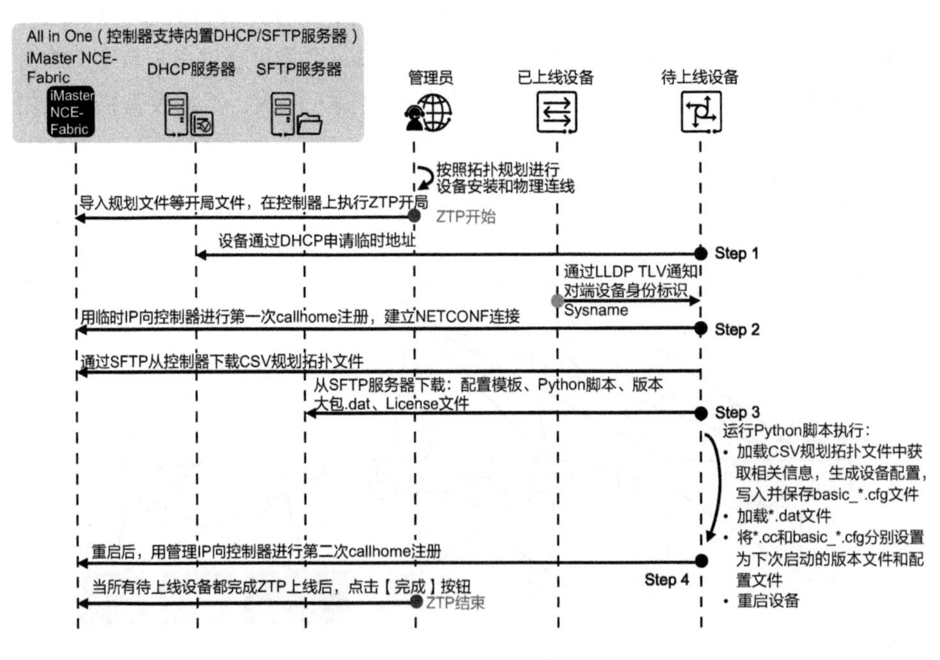

图 5-3　ZTP 上线过程

确认阶段：当DHCP服务器收到DHCP用户端回答的DHCP REQUEST报文后，DHCP服务器会根据DHCP REQUEST报文中携带的MAC地址来查找有没有相应的租约记录。如果有，则向DHCP用户端发送包含它所提供的IP地址和设置的其他DHCP ACK报文。

待上线设备通过上述DHCP过程获取到临时管理IP地址之后，DHCP服务器还会通过Option 148告知用户端控制器地址和Port，以便设备后续发起认证和建链。

带内组网时，为了能让DHCP报文穿过Spine和根设备到达DHCP Server，ZTP还需要自动在Spine下行接口关联的vlanif上配置DHCP Relay，作为待上线设备的DHCP网关。等到所有的Server Leaf全都上线完成后，再自动删除DHCP Relay的相关配置，将Spine下行接口恢复为实际业务组网要求的三层互联口配置。

在Step 2，如前面所述，Spine设备作为已上线设备，通过LLDP报文携带对端待上线设备身份索引，待上线的Server Leaf接收该报文后，将身份索引设置为系统Sysname。待上线设备向目标控制器发起callhome建链请求，通过证书方式认证，建立NETCONF安全通道。华为ZTP支持设备证书认证，提供设备高安全接入能力。

在Step 3，待上线设备通过认证后，控制器向设备发起身份识别请求，获取设备Sysname或ESN，并根据该身份信息生成与待上线设备相关的拓扑规划文件（CSV格式）。

待上线设备通过SFTP（Secure File Transfer Protocol，安全文件传送协议）从控制器获取拓扑规划文件后，从SFTP服务器获取其他开局文件，包括配置模板、版本大包、Python脚本、License文件。其中，配置模板是一个包含参数的设备配置文件，参数实例化以后，就可以生成设备可加载的配置文件。待上线设备从拓扑规划文件中获取设备规划参数，对配置模板的参数进行实例化替换。例如，配置模板中LoopBack1接口下配置ip address <ztp:Loopback1-IPv4-and-mask>，规划文件中LoopBack1对应的参数为192.168.10.2/32，那么最终生成的配置为ip address 192.168.10.2 32。待配置文件生成后，将其作为设备下次重启要加载的配置文件。同样，将版本大包作为下次重启要加载的软件程序。接下来，执行设备重启操作。

在Step 4，设备重启后，待上线设备向控制器发起callhome注册请求建立连接，控制器对设备进行身份验证、网络互联校验，校验成功后纳管设备，此时设备的管理IP为正式地址，由控制器从管理地址池分配或由用户自定义规划地址。同时，ZTP还支持链路校验，系统会自动根据LLDP拓扑信息与拓扑规划文件中的链路信息进行比较，给出校验结果，帮助网络管理员及时发现链路连接问题。

5.2.2　数据中心网络设备扩容

控制器可对通过ZTP上线的Spine设备或Leaf设备进行扩容。用户可根据实际需求导入新设备的拓扑信息，控制器自动执行ZTP任务流程，完成新设备的上线。在扩容过程中，ZTP不仅要完成新设备的自动化上线，还要完成上一层已上线设备的配置补齐，实现旧设备与新设备的Underlay对接和路由可达。

如图5-4所示，下面以扩容M-LAG形态的Server Leaf设备为例，简述ZTP扩容的过程。

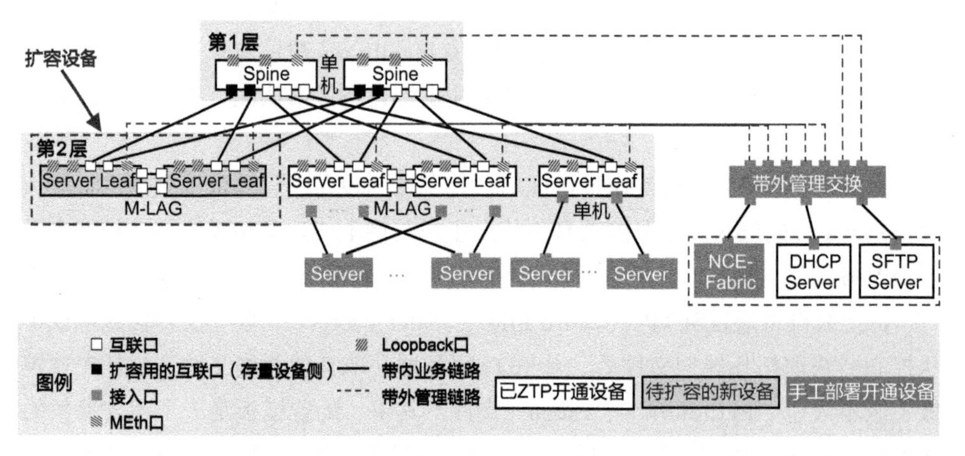

图 5-4　Server Leaf 扩容

步骤①　对于待扩容的Server Leaf新设备，通过ZTP方式实现扩容，完成配置文件和版本大包（可选）加载，实现自动化上线。

步骤②　对于上一层已上线的Spine设备，从物理上来说，每台Spine设备新增互联链路用于连接待扩容的新设备，ZTP为新增互联接口分配互联IP，并将互联口地址发布到OSPF中；另外，若上一层Spine设备为RR角色，还要建立与新Server Leaf设备之间的BGP Peer，在新设备与Spine RR之间建立BGP Peer。

Spine设备扩容的场景与Server Leaf设备扩容类似，不仅要做新设备的自动化上线，还要自动补齐存量设备对接新设备所需的配置。如图5-5所示，下面简要介绍带外组网场景下扩容Spine设备的工作过程。

步骤①　对于待扩容的Spine新设备，通过ZTP Spine扩容，完成配置文件和版本打包（可选）加载，实现自动化上线。

步骤②　对于下一层存量Server Leaf设备，物理上每台Server Leaf设备新增互联链路用于连接待扩容的新设备，ZTP为新增互联接口分配互联IP，并将互联口地址发布到OSPF中；另外，若上一层新扩容Spine设备为RR角色，还要为各存量设备建立与新扩容Spine设备之间的BGP Peer。

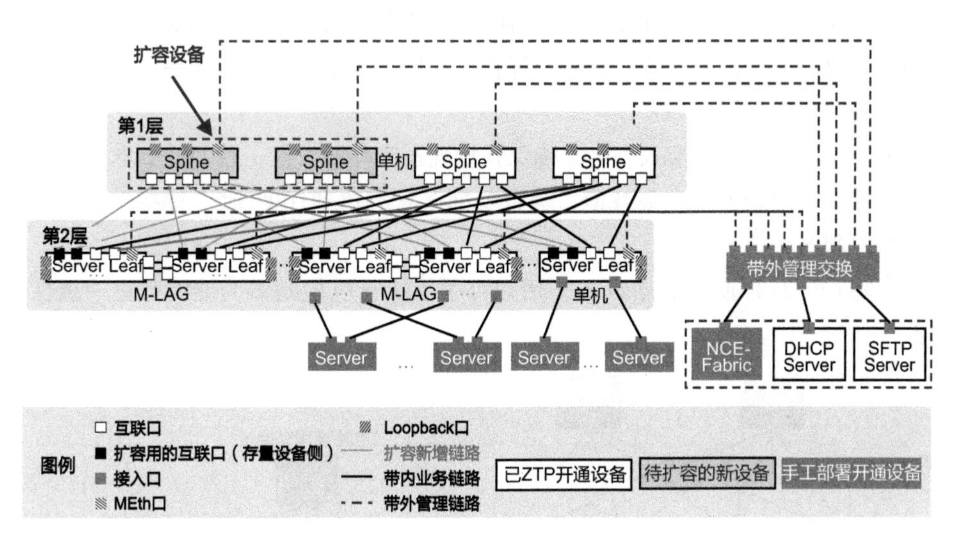

图 5-5　带外组网 Spine 扩容

另外，如果局点为带内组网，由于根设备也是VXLAN的一部分，所以还要考虑根设备与新扩容Spine的对接，即对于根设备：处理上，与存量Server Leaf类似；物理上，新增互联链路用于连接待扩容的新设备，ZTP为新增互联接口分配互联IP，并将互联口地址发布到OSPF中；另外，若新扩容Spine设备为RR角色，还要为根设备建立与新扩容Spine设备之间的BGP Peer。倘若根设备为控制器非纳管或不支持ZTP脚本运行的设备，则根设备上的配置需要手工补齐。

5.2.3　数据中心网络设备替换

当数据中心网络内的物理设备发生故障或硬件进行升级更替时，用户可使用ZTP对故障设备进行自动替换。

如图5-6所示，使用ZTP对网络设备进行替换的主要过程如下。

步骤①　旧设备的配置文件以“管理IP.cfg”的名称备份在SFTP服务器上。非故障场景下进行设备替换时，建议用户在替换前保存最新的设备配置，并将其存放在备份文件服务器中。

步骤②　控制器支持设备替换“影响分析”功能，通过该功能帮助用户快速了解替换所影响的租户、VPC范围。除此之外，如果替换设备为Server Leaf，还可进一步查看逻辑交换机、逻辑端口、下挂虚拟机等信息，如果为Border Leaf，可查看所影响的逻辑路由器、外部网关，如果为Service Leaf，还可查看所影响的逻辑路由器和逻辑防火墙。

步骤③　当设备组内存在备份设备时，为避免设备替换对现网业务造成中断影响，需要先对旧设备实施一键隔离操作，待旧设备处于离线状态后，将其下电并从网络中移除。

步骤④　将新设备接入网络，确保其物理链路与旧设备一致，并上电。

步骤⑤　执行ZTP设备替换，当设备部署状态达到100%时，替换完成，新设备被控制器纳管。

步骤⑥　对替换后的新设备，用户可手工执行以控制器为准的数据一致性对账。

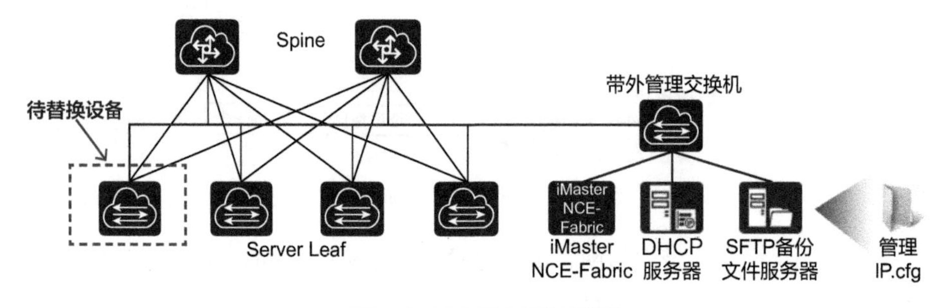

图 5-6　ZTP 设备替换示意图

| 5.3　物理网络和逻辑网络统一运维 |

云数据中心时代，网络管理员需要维护物理网络和逻辑网络两张网，如果采用传统运维方式进行运维，工作量巨大。这里介绍控制器提供的对物理网络和逻辑网络统一运维的功能，分别是三网互视、网络连通性监测和网络路径探测。

5.3.1　应用网络、逻辑网络、物理网络三网互视

所谓三网互视，即应用网络、逻辑网络和物理网络三者之间的互视，包括应用网络到逻辑网络的映射、逻辑网络到物理网络的映射（这两种映射称为正

视）；还包括物理网络到逻辑网络的映射、逻辑网络到应用网络的映射（这两种映射称为反视）。

如图5-7所示，通过上面这些互视特性，管理员可以对网络故障做出判断。例如，当某个物理网元出现故障时，可以直观地看到哪些租户的逻辑网络受到影响；进一步可以直观地看到受影响租户的逻辑网络上，哪些应用受到影响；当某应用无法持续提供服务时，可以直观地看到这个应用为哪个租户提供服务；通过在上述租户的逻辑网络上综合运用多路径探测、连通性探测等运维技术，可以迅速对问题完成定界，确认是计算业务自身故障还是网络中断导致应用出现故障；通过单路径探测和业务随流质量检测等运维技术，可以进一步定位具体的故障网元。

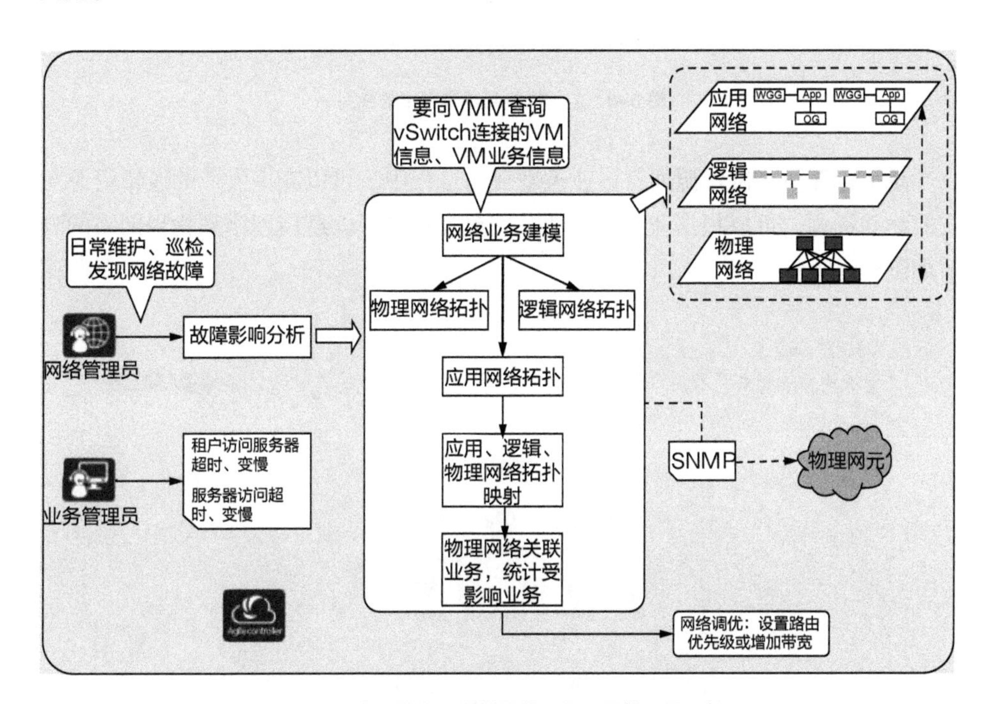

图 5-7　应用网络、逻辑网络、物理网络三网互视

1. 正向映射的作用

系统管理员用户可以看到所有租户的应用网络所使用的逻辑、物理资源情况，便于根据映射关系做日常运维监控和检测；当相关物理资源使用率达到一定阈值时，可以做申购、扩容、升级等操作。应用网络到逻辑网络的映射如图5-8所示。

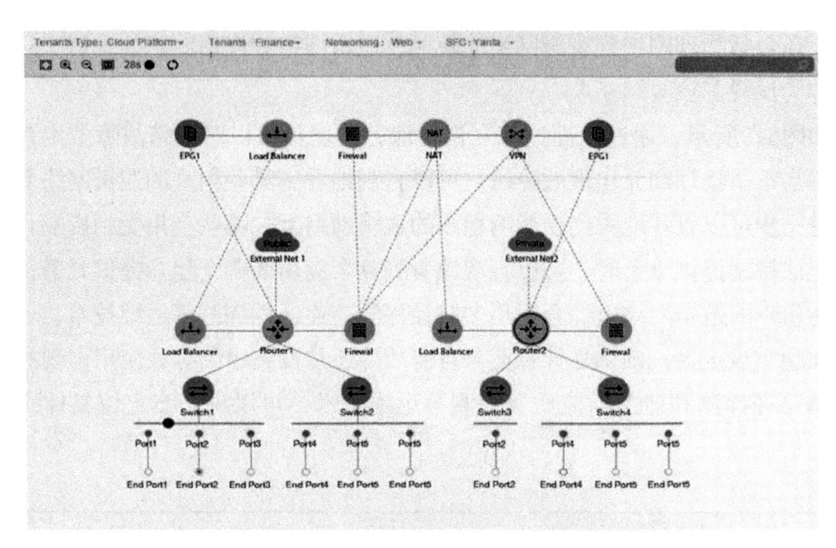

图 5-8　应用网络到逻辑网络的映射

系统管理员在做资源准备、业务发放的过程中，可以查询发放的逻辑资源对应的物理资源，可以根据业务需要随时调整资源选择。逻辑网络到物理网络的映射如图5-9所示。

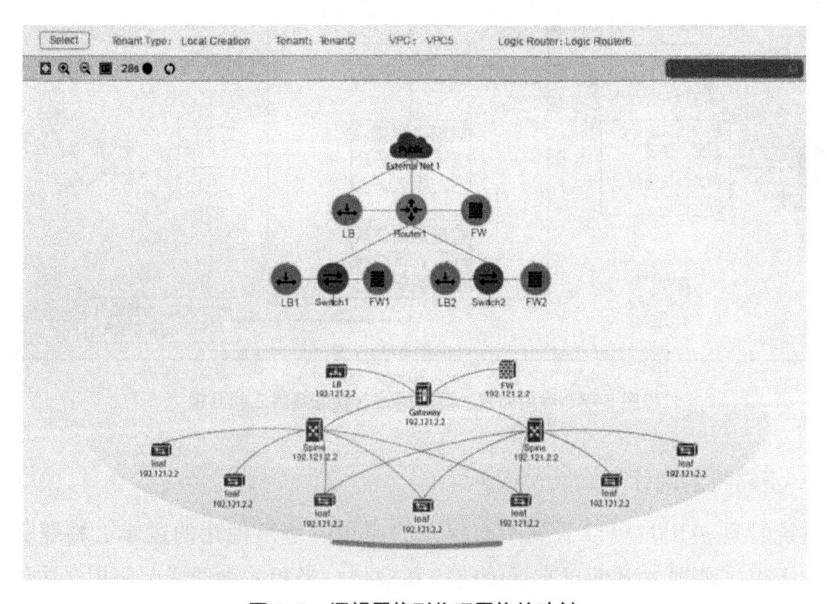

图 5-9　逻辑网络到物理网络的映射

应用网络的变化会引起逻辑网络、物理网络变化联动刷新。

在基于逻辑拓扑的业务发放过程中，当管理员想了解逻辑资源对应的物理资源时，可以向下查询对应的物理资源信息。

2. 反向映射的作用

当物理设备、端口发生故障时，可以根据由物理网络→逻辑网络→应用网络的反向映射关系，确定设备故障的影响范围，以便于管理员、租户管理员对相应的应用业务进行隔离、暂停等操作。

控制器可以预演设备更换的影响分析，管理员在做设备更换、迁移前，可以看到哪些业务会受影响，从而提前做好相应业务的暂停或切换准备。

物理网络的变化会引起逻辑、应用网络联动刷新。

5.3.2 网络连通性检测

Ping是传统网络管理员常用的网络故障定位命令，简单有效。华为将传统网络的Ping命令引入Overlay网络，用于租户逻辑网络的故障定界。在用户访问服务器或服务器互访超时情况下，可通过控制器提供的连通性检测（即Ping）功能，确认是计算业务自身故障还是网络中断导致的业务受损，从而进行故障定界。

可通过指定源IP和任意目的IP来检测两者之间的连通性。

对于仅探测二层网络中的连通性需求，可以使用MAC Ping，它基于ARP请求报文。MAC Ping也叫作ARP Ping，通过封装ARP报文，检测同一个广播域内到某个主机二层转发是否可达，证明Fabric网络是否出现故障。

对于探测二层或三层网络中的连通性需求，可以使用IP Ping，它基于ICMP（Internet Control Message Protocol，因特网控制报文协议）echo请求报文。IP Ping通过封装ICMP报文，检测同一个路由域内到某个主机网络层是否可达，证明Fabric网络是否出现故障。

为了保证业务检测的连续性，还可以设置在一定的周期内进行连通性检测，如每天、每周、每月等。

连通性检测支持多种应用场景，如图5-10所示，分为两类，第一类是东西向Ping，即检测源VTEP到源VM的连通性（Step 1.1），检测源VTEP到目的VM的连通性（Step 1.2）；第二类是南北向Ping，即检测源VTEP到源VM的连通性（Step 2.1），检测源VTEP到外网IP的连通性（Step 2.2）。

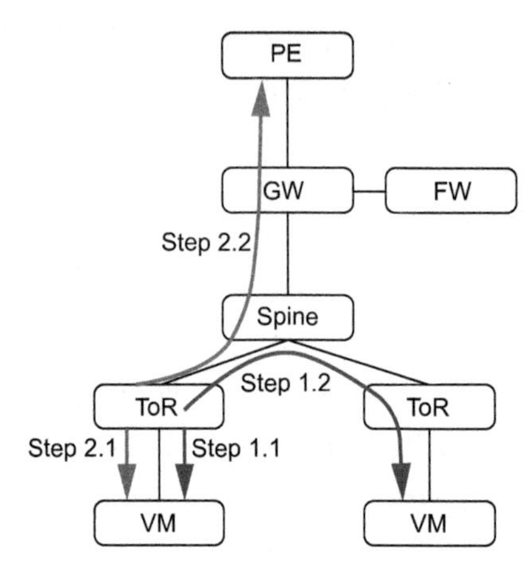

图 5-10 转发路径连通性说明

5.3.3 网络路径探测

Trace是传统网络管理员常用的网络故障定位命令，简单有效。华为将传统网络的Trace命令引入Overlay网络，用于租户逻辑网络的故障定位。控制器上的路径探测（即Trace）功能与交换机配合使用。控制器主动下发路径探测报文给交换机，交换机根据MAC表或路由表计算出接口，最后将出接口、入接口和路径探测报文一起上报给控制器，并将该路径探测报文转发出去。控制器根据设备上报的信息，计算出流量经过的完整路径。一旦网络中发生流量中断，运维人员可以据此清楚地了解到网络中两个VTEP IP之间的实际转发路径，未探测到的链路以及该链路所链接的设备端口有可能发生故障。

控制器上实现路径探测的方式有OAM和DSCP（Differentiated Services Code Point，区分服务码点）两种。在OAM方式中，通过OAM标记标识探测报文。控制器封装探测报文时，在ICMP/TCP/UDP头部增加OAM特殊标记，路径上的设备通过这个特殊标记识别探测报文。当探测报文为IPv6报文，或封装的VXLAN外层报文为IPv6报文时，由于IPv6报文的IP头部有40 Byte，设备识别出OAM特殊标记，需要解析较长的报文头部，对设备能力要求较高。在DSCP方式中，通过DSCP值标识探测报文。控制器封装探测报文时，在IP头部设置指定的DSCP值，路径上的设备通过DSCP值识别探测报文。使用DSCP方式进行路径探测，需要提前规划预留一个DSCP值，保证其不被其他应用使用。

另外，路径探测功能还分为单路径探测和多路径探测两种方式。在单路径探测方式中，用户可以查看虚拟机、物理机、容器或设备之间业务流在Fabric内的物理路径，并检测业务流是否存在异常中断。在多路径探测方式中，用户可以查看两个NVE节点之间存在哪些物理路径，并检测业务流是否存在异常中断。

1. 单路径探测

控制器上提供的单路径探测功能，可实现业务流量路径可视化，有助于进一步定位引发故障的具体网元。单路径探测可以探测主机之间的Overlay报文转发路径，方便用户检查网络规划的正确性，以及在网络发生故障时进行定位诊断。单路径探测又称为IP Trace，分为3种类型：ICMP Trace、UDP Trace和TCP Trace。封装的报文类型不同，定位作用也不同。执行IP Trace ICMP功能后，控制器可以准确探测ICMP请求报文的转发路径，在网络拓扑中展示所经过的故障设备。网络运维人员可以很容易定位到具体的设备。IP Trace的TCP/UDP功能可以用于定位业务报文在网络的转发路径，当两个节点可以Ping通、只有某些业务受到影响时，通过UDP/TCP报文可以定位到具体是哪台网络设备发生故障。

在设置单路径探测任务时，通常需要设置如下的关键参数：需要指定源IP和目的IP；选择要探测的源端口和目的端口号（可随机生成一个具体的端口号或是一个端口段的范围）；选择进行探测的协议类型（常见的有ICMP、TCP、UDP）；设置一个探测超时时间，如果超过这个时间而未完成探测，返回超时错误提示；设置执行一次性探测还是周期性探测。

另外，还可以对单路径探测设置一些高级可选能力。例如，可选择开始VM接入侧路径的连通性检测，此时检测VM与接入Leaf节点之间的路径，并将探测结果显示在拓扑图中，若路径发生故障，则VM与Leaf节点之间的路径显示为灰色。再如，可选择开启探测报文经过端口的带宽利用率功能，在探测结果中显示带宽利用率，启用此功能会影响探测效率。又如，设置入、出端口带宽告警阈值，当带宽利用率超过阈值时产生告警，同时在探测结果中显示带宽利用率。

控制器在进行路径探测时，当源VM、目的VM均在管理范围内时，则会对源VM、目的VM进行正、反两个方向的单路径探测。当源VM、目的VM间存在等价路径时，来回路径可能出现不同。VM间单路径探测的起始设备为VM在物理拓扑上连接的VTEP设备。控制器还可以在源VTEP发起对源

VM的连通性检测，以完善路径的通断判断，反向探测亦然。单路径探测过程如图5-11所示，当源VM、目的VM均在管理范围内，路径探测过程为图中的Step 1.1、Step 1.2、Step 2.1和Step 2.2。Step 1.1是探测源VTEP到目的VM之间的路径，探测报文源地址为源VM地址。Step 1.2是检测源VTEP到源VM之间路径的连通性。Step 2.1是探测目的VTEP到源VM之间的路径，探测报文源地址为目的VM地址。Step 2.2是检测目的VTEP到目的VM之间路径的连通性。

当源VM在管理范围内、目的IP不在管理范围内时，路径探测过程为Step 3.1和Step 3.2。Step 3.1是探测源VTEP到目的IP之间的路径，探测报文源地址为源VM地址。Step 3.2是检测源VTEP到源VM之间路径的连通性。

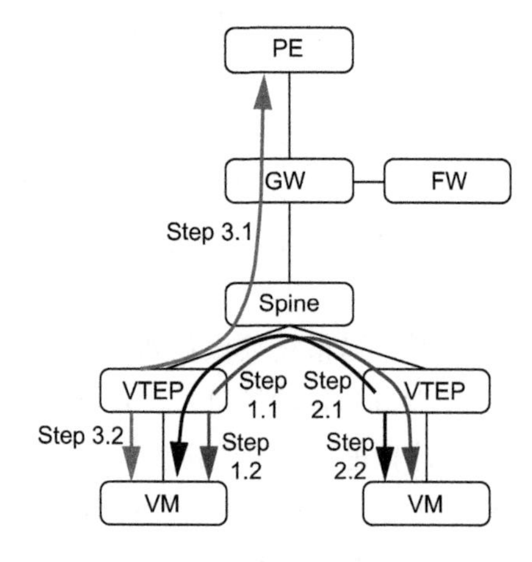

图 5-11　单路径探测示意图

2. 多路径探测

网络虚拟化之后，Underlay承载网通常设计为IP ECMP网络，VTEP之间的隧道通过多路径负载分担方式互联。如果出现两个VTEP下挂的业务访问时断时续，或者两个VM/BM/容器间业务部分的正常部分不正常的情况，则可能是由VTEP间部分路径出现拥塞而丢包导致的。为了一次性探测出VTEP间的所有转发路径，可使用VTEP间多路径探测功能，通过一次性批量发送探测报文的方式，检测VM/BM/容器间可能的转发路径。多路径探测的基本流程和单路径探测相同，不同的是多路径探测需要用户填写报文转发的个数，控制器基于报文个数封装多个探测报文，并使各个报文的协议端口号不同，使多个报文尽可能地哈希到多条转发路径上去。

在设置多路径探测任务时，通常需要设置如下的关键参数：需要指定源设备和目的设备之间的管理IP地址；发起多路径探测的报文数量，需要注意的是，Underlay网络IP ECMP是基于哈希算法进行选路的，由于哈希极化的原因，在有限报文数量的检测情况下，无法保证检测出全量路径；设置一个探测超时时间，如果超过这个时间而未完成探测，返回超时错误提示；设置执行一次性探测还是周期性探测。

另外，还可以对多路径探测设置一些高级可选能力。例如，开启探测报文经过端口的带宽利用率功能，在探测结果中显示带宽利用率，启用此功能会影响探测效率。再如，设置入、出端口带宽告警阈值，当带宽利用率超过阈值时产生告警，同时在探测结果中显示带宽利用率。

5.4　网络变更方案设计

数据中心内的业务系统借助虚拟化、云计算、容器等技术，极大地提高了业务部署的敏捷性及资源利用率，计算实例（裸金属服务器/虚拟机/容器等）根据业务需求持续地在不同物理服务器上被创建、部署、变更和销毁；数据中心网络也逐渐从相对稳定演进到了持续动态变化，网络业务发放及变更等操作变得更加频繁，以满足多变的业务诉求及计算实例部署形态的变化。

虽然SDN技术通过采用图形化界面、拖拽式操作等技术，在一定程度上提高了网络业务发放及变更效率，但是技术人员在运维数据中心网络时仍然面临以下几个问题：无法预判网络设备资源（例如BD/VNI、VRF、静态路由等）是否满足新业务发放需求；网络变更实施前难以评估网络变更对现有业务的运行是否会造成影响；网络变更完成后，难以评估业务是否能正常运行，故障感知依赖被动值守，等待业务上线后才可判断运行是否异常；网络业务发放及变更引起的网络设备配置变化无法感知，依赖于事后逐个设备人工比对。

华为在网络业务发放前的校验方案中引入了“设计态”的概念，用户可以对需要进行业务变更或发放的租户开启设计态。开启设计态后，用户进行网络业务及变更编排，编排完成后提交给控制器，对变更内容进行自动化仿真校验，并可针对用户网络资源、配置变更内容、连通性等进行自动化仿真校验，业务流程如图5-12所示。

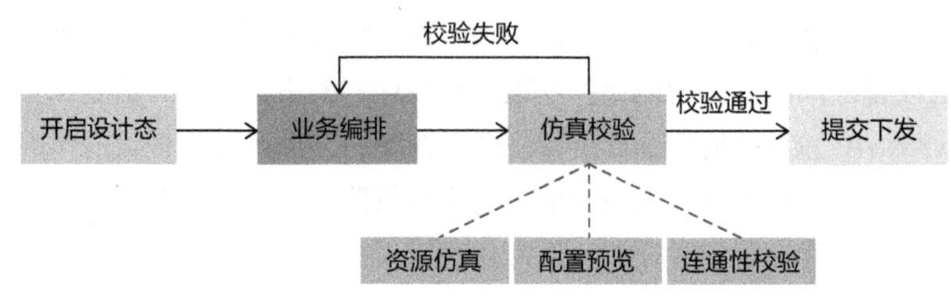

图 5-12 业务发放前的校验流程

5.4.1 变更实施前的情况

1. 变更实施前的资源评估

数据中心内网络设备数量众多且配置复杂，云计算及容器技术给业务应用带来敏捷性的同时，也增加了网络的复杂性及网络业务发放/变更的频率。发放新的业务或进行网络变更前，运维人员需要评估设备上的资源是否可以满足新的业务需求，以避免设备资源不足导致业务下发失败或新业务下发导致已有业务故障。传统情况下，依赖于运维人员人工登录设备查看当前资源使用率，之后运维人员根据个人经验对资源需求进行预估，这种操作方式不仅效率低下，且准确度取决于运维人员的技术水平。

控制器上的网络资源仿真校验功能通过对设备资源进行持续监控，获取实时设备资源利用率，并通过仿真建模，准确预估单次业务发放需要消耗的网络资源，从而可以辅助用户判断整网设备的空闲资源是否可以满足待下发业务的需求，以避免网络设备资源不足导致业务下发失败或其他故障。

用户在设计态完成业务编排后提交仿真，控制器建模仿真后直观呈现待发放业务的资源校验结果，例如，待部署业务即将下发到哪些设备上、每台设备上资源占用情况（已消耗资源量、本次消耗资源量、该设备的资源总量）。

2. 变更实施前的配置及连通性仿真

在配置仿真阶段，用户通过设计态编排的业务，在网络配置下发到设备上之前，可以预先将配置呈现出来，供用户查看配置详情。

在连通性仿真阶段，用户在设计态完成业务编排后，可以先提交业务连通性仿真校验，在配置下发到网络设备之前，就通过仿真系统查看业务的连通情况是否符合预期。用户通过选取需要校验的源对象和目的对象提交连通性校验。

源和目的对象可以是endport、Logical Switch及Logical Router，用户也可以

指定业务会话的协议和端口，以便聚焦验证范围。

在连通性仿真中， 如果用户提交的是endport的IP地址，则控制器会验证所有65 535个协议端口间的连通性情况；如果用户提交的是Logical Switch，则控制器会校验两组Logical Switch间IP+端口的所有组合；如果用户提交的是Logical Router，则控制器会校验两组Logical Router间IP+端口的所有组合。

5.4.2　变更完成后的数据面验证

当对网络实施的变更完成后，可以通过数据面验证来进一步确认此次变更的效果是否符合预期。变更完成后的数据面验证，分为网络设备数据采集、数据中心网络建模、网络连通性/隔离性验证。

1. 网络设备数据采集

数据面的设备表项，包括RIB（Routing Information Base，路由信息库）路由、ARP、VXLAN Tunnel、VXLAN Peer等数据，这些表项数据支持GRPC（Google Remote Procedure Call，谷歌远程过程调用）协议的高速采集，以整网800W路由表项规模的Fabric为例，传统的CLI（Command Line Interface，命令行接口）方式采集耗时需要15 min以上，通过GRPC采集可以将该耗时缩短到分钟级，极大地缩减了数据采集的时长。

设备运行时配置，包括ACL、VLAN、VNI、BD、VRF、VSYS、NAT等静态配置。

网络拓扑结构，包括Underlay网络的LLDP物理链路，以及Overlay网络的逻辑连接关系。

2. 数据中心网络建模

数据中心网络建模分为Underlay网络建模、Overlay网络建模、HSA（Header Space Analysis，头空间分析）数学建模三个层面。

Underlay网络建模是指结合设备、接口和物理链路，构建Underlay层面的网络连接关系。

Overlay网络建模是指在Underlay模型基础上，结合主机接入位置、配置面数据、路由转发关系、BGP Peer、VXLAN Peer等信息，构建主机与设备子接口的接入关系、子接口与BD的绑定关系、BD与网关的映射关系、BD与VRF的映射关系、Peer-link关系、节点内包含的路由转发关系等各种连接关系。最后，再叠加ACL安全策略信息、NAT映射信息、接口状态、隧道状态等附加属性。

HSA数学建模的目的是将网络模型转换成形式化的数学模型，以方便后期进行快速高效的连通性验证求解。数据中心分析平台借鉴HSA算法思想并进行了优化。

3. 网络连通性及隔离性验证

网络连通性验证及隔离性验证主要解决以下几个问题：Underlay叠加Overlay的端到端完整转发路径呈现；路径上提供的方便用户快速排障的可解释性信息，这些信息有逐跳节点基本属性（如节点类型、名称、入/出接口、VPN、VLAN/VNI等）、逐跳节点的转发信息（如VPN路由表、ARP表）、逐跳节点的配置信息（如运行时配置文件）、报文空间信息（如路径可通过、被拦截的报文空间）、不可达时的根因分析；呈现ECMP多转发路径。

另外，网络连通性/隔离性验证还可以呈现路径或快照的比对结果。例如，历史验证时间点回溯，方便网络变更场景下的事前事后路径比对；可达与不可达的路径比对，可以快速识别不可达时的断点位置；配置文件快照比对，可以快速识别配置变更点。图5-13为网络连通性监测示例。

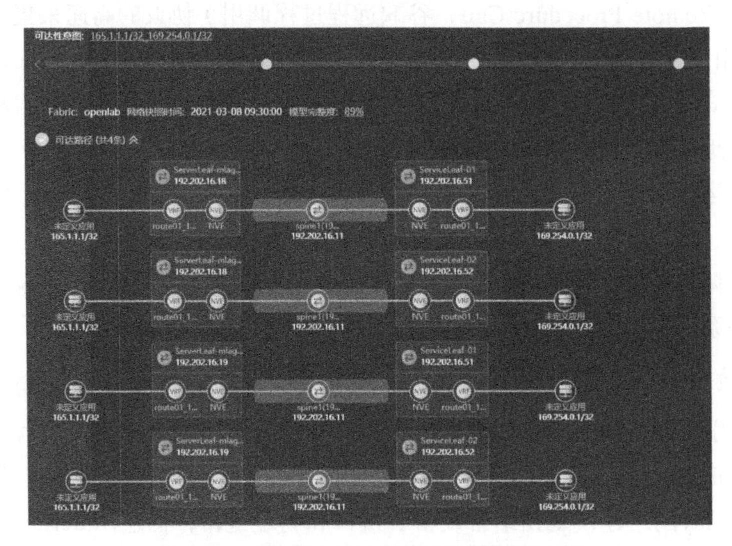

图 5-13　分析器上展示的网络连通性监测示例

5.4.3　变更前后网络快照对比

用户可以在变更前后分别使用数据中心分析器创建网络快照，并在网络变更完成后对两个网络快照进行对比分析，查看此次变更内容是否符合预期。

分析器可以通过Telnet或GRPC方式订阅设备表项信息。

GRPC动态订阅机制：分析器作为客户端发起到设备的连接，并下发动态配置至设备，订阅相关表项（ARP表项、ND表项、IPv4路由表项、IPv6路由表项）。设备首次上报全量表项信息后，增量上报变化表项至分析器。

Telnet定时采集机制：分析器周期轮询方式，采集设备ARP及IPv4路由表项信息。

Syslog触发按需采集机制：分析器监听设备Running Config变更日志，触发（默认抑制15 min）设备主动上报最新Running Config至分析器。

分析器上的快照分析过程如下。首先，根据变更前后采集到的信息和快照（如Running Config、ARP表项、ND表项、IPv4路由表项、IPv6路由表项），基于LCS（Location Service，定位服务）算法，比对变更前后快照差异，识别变更内容。然后，对所有变更设备的变更进行汇总，生成全网及设备维度分类统计报表。用户可以选择对应设备的变更内容，查看变更前后的配置、表项变化详情。

5.5　数据中心网络故障主动感知

传统网络故障的被动感知处理模式已经越来越不能适应当前用户对业务的高质量需求，这就要求网络能够进行故障主动感知。本节将介绍几种故障主动感知技术。

5.5.1　基于 Telemetry 的设备状态监控

随着网络的普及和新技术的涌现，网络规模日益增大，部署的复杂度逐步提升，用户对业务的质量要求也不断提高。为了满足用户需求，网络运维务必更加精细化、智能化。当今网络的运维有着如下特点。

- 超大规模：网络运维管理的设备数量众多，监控的信息数量非常庞大。
- 快速定位：在复杂的网络中，能够快速地定位故障，达到秒级甚至亚秒级的故障定位速度。
- 精细监控：监控的数据类型更多，且监控粒度更细，以便完整、准确地反映网络状况，据此预估可能发生的故障，并为网络优化提供有力的数据依据。网络运维不仅需要监控接口上的流量统计信息、每条流上的丢包情况、CPU 和内存占用情况，还需要监控每条流的时延抖动、每个报文在传输路径上的时延、每台设备上的缓冲区占用情况等。

传统的网络监控手段（SNMP、CLI、日志）已无法满足网络需求。传统的SNMP和命令行形式主要采用“拉模式”获取数据，即发送请求来获取设备上的数据，限制了可以监控的网络设备数量，且无法快速获取数据。而SNMP Trap和日志虽然采用“推模式”获取数据，即设备主动将数据上报给监控设备，但仅上报事件和告警，监控的数据内容极其有限，无法准确地反映网络状况。

Telemetry 是一项监控设备性能和故障的远程数据采集技术。它采用“推模式”及时获取丰富的监控数据，可以实现网络故障的快速定位，从而解决上述网络运维问题。

Telemetry 具有很多优势，例如，支持多种实现方式，满足用户的不同需求；采集数据的精度高，且类型十分丰富，可以充分反映网络状况；一次订阅，持续上报，相比传统网络监控技术的查询一次上报一次，Telemetry 仅需配置一次，设备就可以持续上报数据，减轻了设备处理查询请求的压力；故障定位更快速、精准。

1. Telemetry技术原理

数据中心的分析器利用数据中心交换机设备的Telemetry特性来采集设备、接口、队列等性能Metrics数据进行分析，主动监控、预测网络异常。设备的Telemetry特性是利用GRPC协议将数据从设备推送给分析器。使用该特性前，需要在设备侧导入Telemetry的License文件。

GRPC是谷歌发布的一个基于HTTP2传输层协议承载的高性能、通用的RPC（Remote Procedure Call，远程过程调用）开源软件框架。通信双方都基于该框架进行二次开发，从而使得通信双方聚焦在业务上，无须关注由GRPC软件框架实现的底层通信。GRPC协议栈分层如图5-14所示。

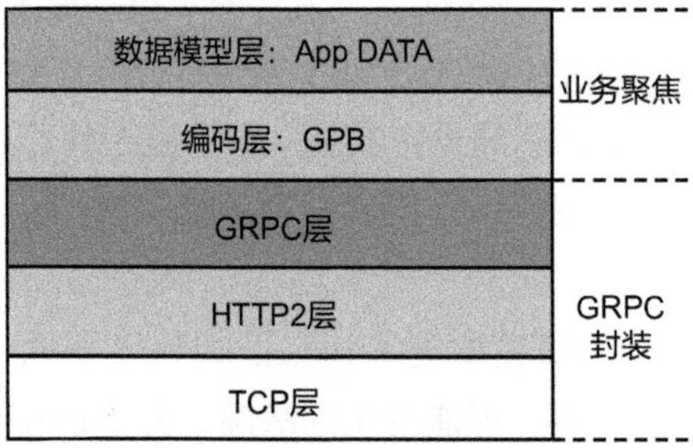

数据模型层：App DATA
编码层：GPB
GRPC层
HTTP2层
TCP层
业务聚焦
GRPC封装

图 5-14　GRPC 协议栈分层

各层的说明如表5-1所示。

表 5-1　GRPC 协议分层

GRPC 协议栈分层	说明
TCP 层	底层通信协议，基于 TCP 连接
HTTP2 层	GRPC 承载在 HTTP2 协议上，利用了 HTTP2 的双向流、流控、头部压缩、单连接上的多路复用请求等特性
GRPC 层	远程过程调用，定义了远程过程调用的协议交互格式
编码层	GRPC 传输的数据，通过 GPB 格式进行编码
数据模型层	通信双方需要了解彼此的数据模型，才能正确交互

用户可以通过命令行配置设备的Telemetry采样功能，设备作为GRPC客户端，会主动与上送目标采集器建立GRPC连接，并且推送数据至采集器。

GRPC协议采用GPB（Google Protocol Buffers，谷歌协议缓冲区）编码格式承载数据。GPB提供了一种灵活、高效、自动的序列化结构数据的机制。GPB与XML（eXtensible Markup Language，可扩展标记语言）、JSON（JavaScript Object Notation，JavaScript对象表示法）编码类似，也是一种编码方式，但不同的是，它是一种二进制编码，性能好、效率高。目前，GPB包括v2和v3两个版本，设备当前支持的GPB版本是v3。

GRPC对接时，需要通过“.proto”文件描述GRPC的定义、GRPC承载的消息。GPB通过“.proto”文件描述编码使用的字典，即数据结构描述。分析器在编译期根据“.proto”文件自动生成代码，并基于自动生成的代码进行二次开发，对GPB进行编码和解码，从而实现与设备的对接及对“.proto”中定义的消息格式的解析。

2. 设备KPI异常检测原理

设备KPI（Key Performance Indication，关键性能指标）通过Telemetry周期性推送到分析器之后，分析器实时分析全网设备KPI指标是否出现异常。目前分析器主要采用如下两种KPI异常检测算法。

- 静态阈值检测：传统网管通常采用设备KPI异常检测手段，即针对每个KPI指标设置一个异常检测阈值，当设备通过Telemetry上报的当前值大于异常检测阈值时，认为该KPI异常。
- 动态基线检测：相比传统网管领域的静态阈值，动态基线会基于一段时间的历史数据学习，并配合基于动态基线的异常检测算法，可以提前更准确地发现网络中的指标劣化问题。

当前版本将默认对FabricInsight已接入的所有CE建立CPU或内存利用率指标基线，默认对ARP表项、FIB表项、MAC表项等路由表项指标建基线，也会默认对存在物理链路的接口建立收/发包数等指标基线。动态基线使用离线计算方式，每隔一天计算一次，一次计算出未来一天的指标基线预测值。生成的动态基线数据粒度与原始数据粒度一致，对设备、单板、接口来说，输出的动态基线最小数据粒度是1 min。

分析器针对设备KPI进行异常检测，主要分为下面4步。

步骤①　逐点数据比较，按周期粒度与原始数据比较，看其是否超出静态阈值或基线范围。

步骤②　连续越界数据识别及计数，统计越界数据是否处于连续的周期，并记录连续越界所持续的周期个数。

步骤③　告警抑制及合并，按照既定规则进行告警抑制，避免系统产生冗余的基线异常数据。当前系统默认定义连续3个周期超出静态阈值或基线，才会标记为KPI异常；当连续的超出静态阈值或动态基线的现象出现一次时，系统会自动进行合并，只标记为一次异常，最终入库的异常数据将标记异常的开始时间和结束时间。

步骤④　输出最终的异常检测结果，分析器将计算结果写入存储异常基线的数据库中，然后通过图形化界面呈现KPI异常检测结果，该界面如图5-15所示。

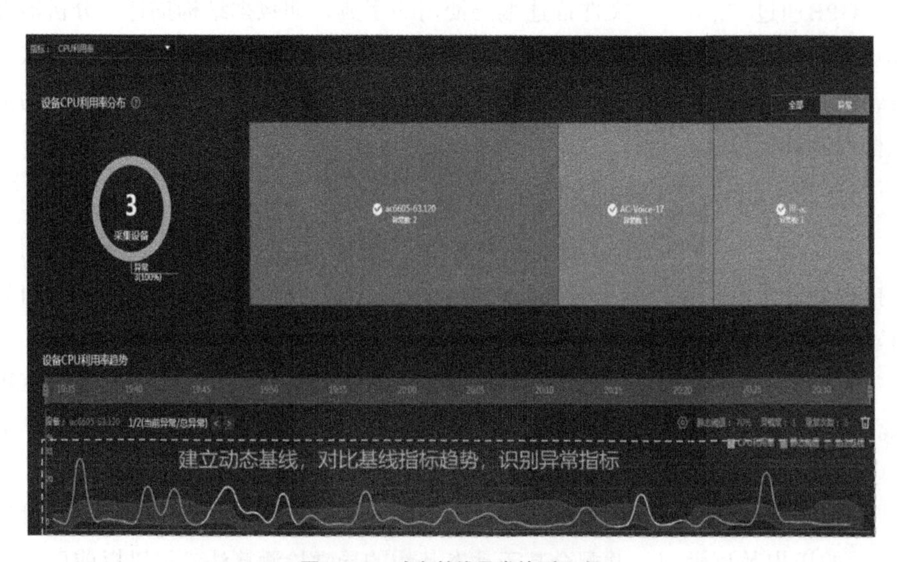

图 5-15　动态基线异常检测示意

5.5.2　流分析实现业务异常主动感知

随着数据中心内承载的业务越来越重要，依赖业务投诉、反馈的被动网络运维方式逐渐无法满足要求。业务高可靠性也要求数据中心网络主动感知业务异常，通过数据分析等手段快速定位故障原因并快速修复。目前，业界主要通过流分析方案（即分析业务报文）实现业务异常的主动感知，然后关联网络拓扑及设备运行状态，进行故障的定界定位。

1．基于ERSPAN的TCP流分析方案

目前数据中心内的业务流量主要由TCP进行承载，通过分析TCP的建链、拆链、Reset等控制报文（不含TCP Payload），可以准确地分析数据中心运行的业务信息，同时通过关联不同设备采集的数据，分析器可以实时感知业务或网络运行的异常，并快速进行定界定位。

如图5-16所示，假设两个VM之间跨Leaf进行交互，报文路径如图中粗实线所示。在报文传输路径上的各交换机使能入方向的远程镜像，该报文经过Leaf→Spine→Leaf，将被这三台交换机分别镜像一次给分析器。分析器再通过算法，将报文经过的路径还原出来，并进行相关的统计和分析。

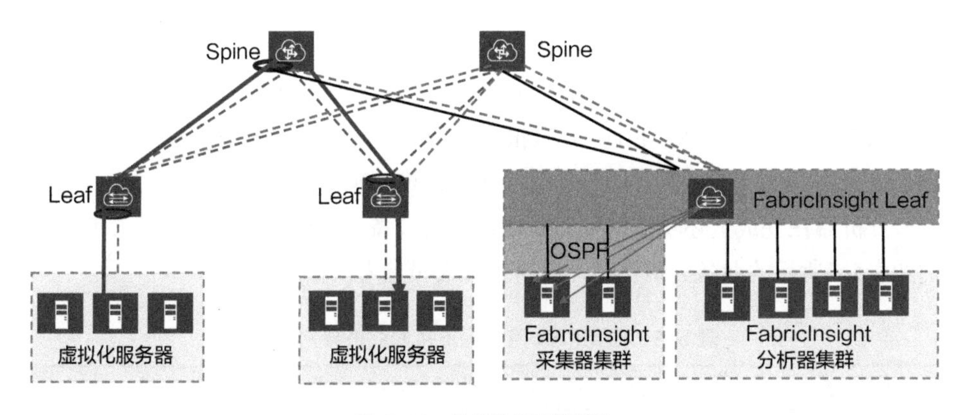

图 5-16　分析器的流量镜像

如图5-17所示，一条TCP连接的建立需要经过三次握手，连接取消需要经过四次挥手。为了监控网络中应用之间TCP的建链拆链，分析器需要将TCP中的SYN、FIN、RST（即reset，重置）报文镜像到分析器上。

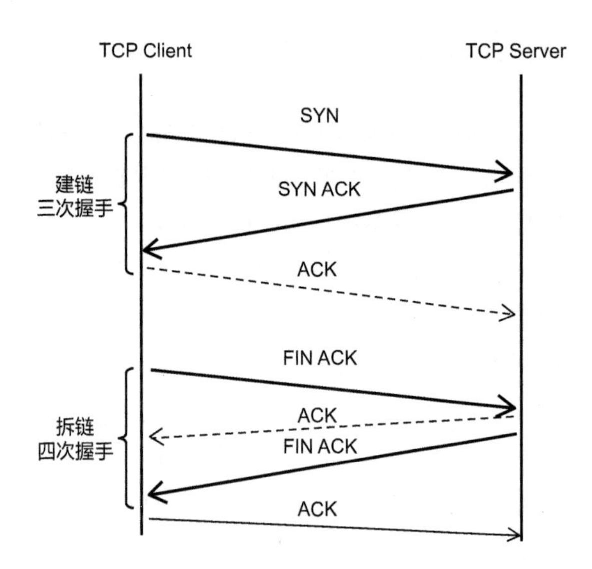

注：SYN 即 synchronous，建立联机；
ACK 即 acknowledgement，确认；
FIN 即 finish，结束。

图 5-17　TCP 建链 / 拆链过程

分析器会根据SYN、FIN报文的TCP Sequence Number来计算TCP会话的流量大小。

同时，分析器在收集到网络设备镜像的TCP报文后，会对每一个TCP报文进行计算，从而还原传输TCP报文的每一跳设备。

另外，分析器还可以计算网络的时延，通过交换机远程流镜像。可以将交换机入方向的TCP SYN、FIN、RST报文镜像到分析器，并在分析器上打时间戳后，进行路径的还原计算，同时计算逐跳的传输时延。

分析器在完成上述功能的同时，根据分析设备上送的TCP控制报文，可以识别如表5-2所示的业务异常类型，以供运维人员参考。

表 5-2　ERSPAN 流分析支持的业务异常类型

业务异常类型	说明
TCP 信令报文重传	若发出去的 TCP 信令报文（SYN、SYN ACK、FIN ACK）对端在规定时间内没有响应，触发 TCP 重传机制，将信令报文重发一次
TCP 建链失败	SYN、SYN ACK 发生 TCP 重传超时，或者是客户端发出 SYN 后服务端直接响应 RST。 当 FabricInsight 检测到 SYN ACK 报文重传后，会等待 2 min 的时间。如果 2 min 的时间内有 FIN、RST 报文上报，则说明 SYN ACK 建链成功；如果 2 min 的时间内没有报文上报，那就判定 SYN ACK 建链失败

续表

业务异常类型	说明
TCP RST 报文	RST 被置位
TTL 异常	内层报文的 TTL 值小于 3
TCP FLAG 异常	SYN、FIN 同时置位 SYN、RST 同时置位 FIN、PSH（即 push，传送）、URG（即 urgent，紧急）同时置位 SYN、PSH 同时置位 FIN 置位、ACK 没有置位

2. 全流分析

由于ERSPAN（Enhanced Remoted SPAN，三层远程镜像）流分析方案仅采集TCP建链、拆链过程中发送的SYN、FIN、RST报文，无法对TCP数据报文或其他协议类型的业务报文进行分析。此时，用户可以使用全流分析方案逐包分析业务报文，实现报文统计、业务异常感知、网络故障分析等网络运维功能。全流分析主要包含异常流分析、业务流量统计、转发异常分析三个部分，流程如图5-18所示，具体说明如下。

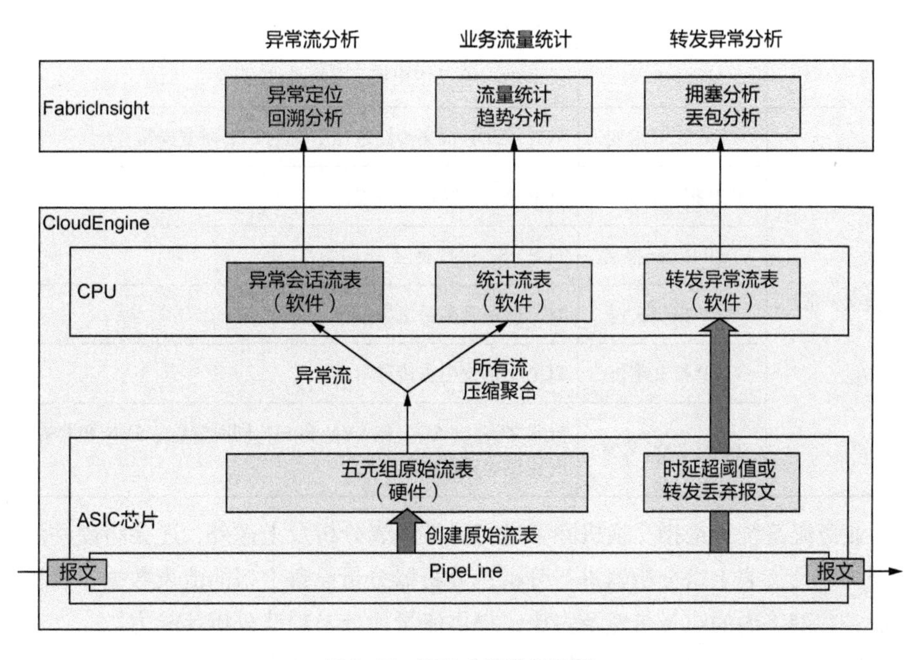

图 5-18　TCP 全流分析示意

异常流定位是指数据中心交换机在进行报文转发时，对报文进行分析并创建五元组硬件流表，硬件流表老化后上送CPU进行分析及预处理。CPU根据硬件流表上报的数据，分析业务流是否出现异常，然后将识别到的异常流表上送分析器，进行异常定位及回溯分析。目前全流分析常见的异常检测类型参见表5-3。

表 5-3 全流分析常见的异常检测类型

异常检测类型	子类型	说明
TCP 建链异常	服务器无响应	TCP 建链时，客户端发出 SYN 报文，服务器侧无响应 SYN ACK 报文
	服务器未监听	TCP 建链时，客户端发出 SYN 报文，服务器侧响应 RST 报文
	TCP 建链时延超阈值	TCP 建链时延是指客户端发出的第一个数据报文时间戳减去客户端发出的第一个 SYN 报文时间戳的值
	SYN 建链失败	FabricInsight 收到部分 CE 上报的异常流表，并在某台 CE 终结
	SYN ACK 建链失败	FabricInsight 可收到所有 CE 上报的正向异常流表，反向异常流表在某台 CE 终结
	Multi-SYN	一个 TCP 会话中出现了多个 SYN 报文
报文异常	报文 TTL 跳变	TCP、UDP 报文传输过程中发生 TTL 跳变异常
	TCP 报文零窗口	TCP 报文零窗口比特置位
	TCP Reset 报文	TCP RST 比特置位
	TCP 报文丢包	TCP 会话发生丢包异常
	TCP 报文重传	TCP 会话发生重传异常
	TCP FLAG 异常	异常 TCP FLAG，如 SYN 和 FIN 同时置位、SYN 和 RST 同时置位等异常情况

业务流量统计是指交换机除了进行异常流表分析及上送外，还会将硬件流表聚合为统计流表上送分析器进行分析；分析器分析设备上报的流表数据，分析不同业务在网络内的流量带宽及占比，提供流量成分及趋势分析等能力。

转发异常分析是指交换机的转发芯片支持对报文转发异常的感知，转发芯片在感知到报文转发异常（转发时延超阈值和转发丢包）时，将异常报文上送CPU

建流，CPU根据报文信息创建转发异常流表，并上送FabricInsight进行转发拥塞及丢包分析。

5.5.3　基于五层模型的网络健康度评估

控制器结合Telemetry机制并整合网络中的配置数据、表项数据、日志数据、KPI性能数据、业务流数据，实时发现网络中各个维度的问题和风险；检测范围覆盖设备工作状态、网络容量、器件亚健康、业务流量交互等网络工作状态，直观地呈现全网整体体验质量，从而帮助运维人员“看网识网”。FabricInsight将数据中心网络分为5个维度进行网络健康度评估，即设备层、网络层、协议层、Overlay层和业务层，如图5-19所示。

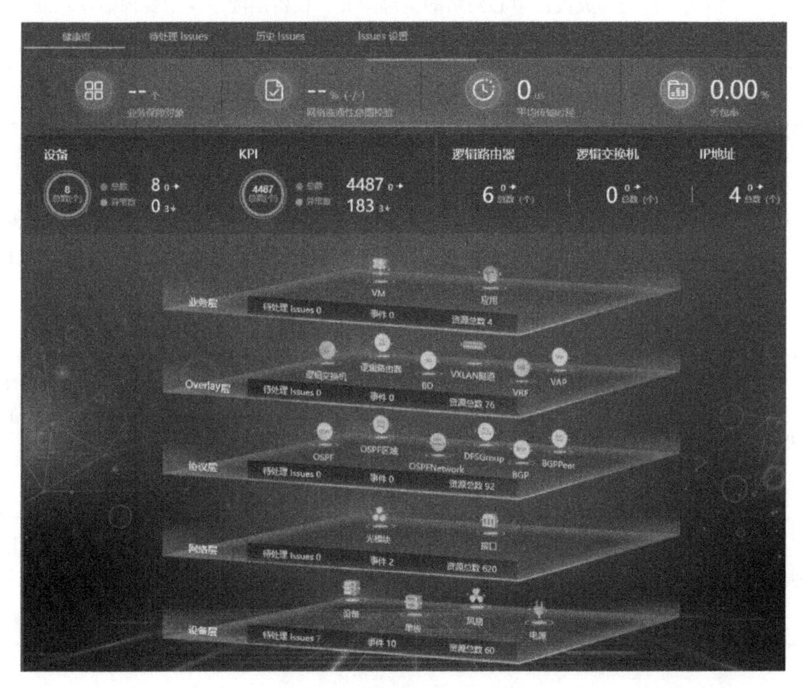

图 5-19　网络健康度评估总览

分析器会在五层健康度中分别统计每一层的“待处理Issues”“事件”“资源总数”。

待处理Issues：分析器使用大数据分析和人工智能算法对采集到的日志告警、KPI数据、配置文件等进行分析，并将识别的数据中心常见故障称为Issues。

事件：分析器将检测到的原始KPI异常或收到的设备上报的告警日志称为事件，并将该原始事件关联到具体的网络资源或对象上。

资源总数：分析器对数据中心内的网络设备、配置等进行建模并提取网络对象，包含物理对象（单板、风扇、电源等）、配置对象（OSPF区域、BGP等）和逻辑网络对象（逻辑路由器、逻辑交换机等），等等。网络对象在设备上的实例化称为资源，例如Fabric内有10台设备，每台设备上有48个接口，此时认为该Fabric内有480个接口类型的资源。

分析器提供的五层健康度及其含义说明如表5-4所示。

表 5-4　分析器提供的五层健康度及其含义说明

健康度层级	含义说明
设备层	物理设备是构成数据中心网络的基础单元，设备层健康度主要评估物理硬件状态、表项容量、CPU 和内存负载等单设备健康状态
网络层	设备和设备之间互联构成数据中心的物理网络，网络层健康度主要评估设备间互联链路的端口状态、端口流量、端口错报、队列深度、光链路状态等设备间互联链路相关的健康状态
协议层	除了物理链路进行互连外，网络设备之间还需要运行各种协议，从而将网络形成一个整体进行报文转发及其他协同功能。协议层健康度主要评估 OSPF、BGP 等路由协议工作状态，还会对跨设备链路聚合（M-LAG）协议的工作状态进行健康度评估
Overlay 层	当前数据中心网络引入了 SDN 技术来实现网络资源的池化及快速发放，SDN 技术的引入将数据中心网络分为 Underlay 和 Overlay 两个部分。业务流量往往承载在 Overlay 层，Overlay 层是否正常工作直接决定了业务的稳定性如何。Overlay 层健康度主要评估 VXLAN 隧道、BD/VNI/VRF 等资源的运行状态
业务层	分析器基于网络流量分析能力监控业务流量带宽、建链 / 拆链情况、异常会话等业务状态信息，实时感知数据中心网络承载的上层业务的转发状态，真正从业务层评估数据中心网络的健康状态

5.6　网络故障自动定位及修复 / 隔离

故障的定位定界是指在故障感知能力的基础上，通过大数据分析引擎，对收集的网络数据进行分析，给出故障的定位和根因。针对数据中心的常见故障，华为借助多年专家经验及实验室训练等手段，研发场景故障分析引擎，区分不同的故障类型，分析器采用针对性的故障定位算法进行处理，以提高故障根因的判断准确性。网络中偶发的或较为复杂的故障很难通过实验室训练或专家经验等手段实现故障自动定位及修复，华为借助AI引擎构建数据中心网络知识图谱，对数据中心网络进行数字建模，同时借助AI算法，实现故障时的告警压缩、根因告警及故障传播路径推荐。

5.6.1　常见故障分钟级定位及修复

分析器可以通过TCP流异常、告警日志、周期性采样数据、网络连通性探测等途径，完成对网络的故障定位。

分析器通过TCP流异常发现的故障定位逻辑如图5-20所示，分析器通过设备实时上送的TCP建链报文，对TCP会话状态进行实时监控。当发现有TCP连接异常事件发生时，分析器通过AI引擎分析，检索出有相同故障特点的TCP流量，知识推理引擎根据建链异常流量发生的位置，对该设备上故障时刻的网络数据和此前正常时刻的相关网络数据进行分析，然后给出故障根因。

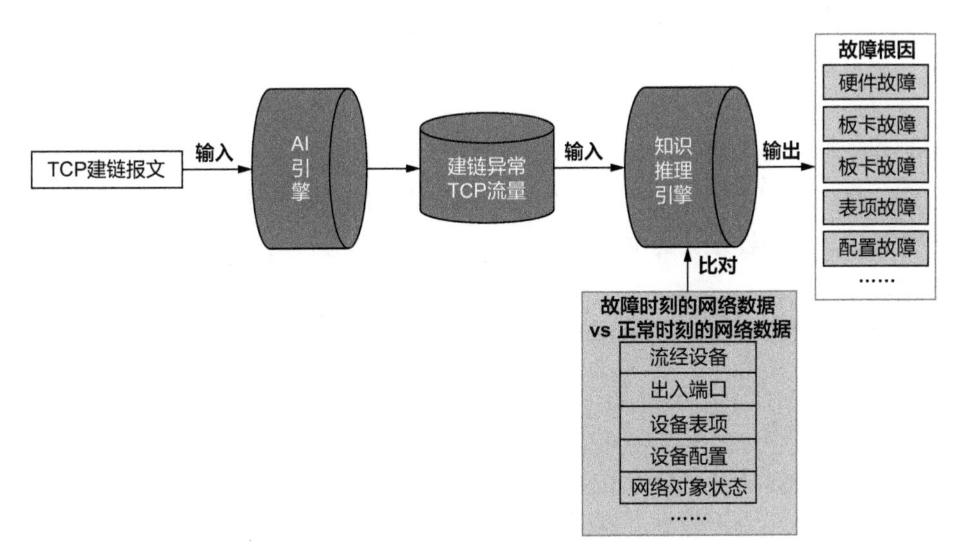

图 5-20　流量异常类故障定位逻辑

对于由告警日志触发的故障，分析器的判断定位逻辑通常有两种。第一种是告警可以直接定位问题根因，例如，设备资源超阈值类告警，设备上报的CPU、内存或表项超过设备设定的阈值告警。这种情况下的故障根因为相关资源不足。

第二种是设备产生的告警问题，根因不是告警本身，而是其他故障发生后引发的连锁反应，这种问题的根因定位就比较复杂，传统网络对这类问题的排障通常颇费周折，定位时间一般都比较长，而且对用户的问题定位经验或技能要求也比较高。

分析器根据网络监控对象的周期性采样数据来进行故障定位的逻辑是：对于某些网络对象，分析器会通过Telemetry订阅多种网络对象的采样数据，并通过大数据分析引擎对采样数据进行周期分析统计，当发现采样对象发生故障时，AI引擎根据采样数据的分析结果发现异常，并给出故障原因。例如，当出现光链路故障时，分析器会对光模块采样数据（包括光模块的温度、电压、电流、光功率等）进行持续分析判断，当发现其中有参数偏离正常值范围，分析器即会报出光链路故障Issues，并呈现相关参数的异常数据值及故障对象的历史数据走势。

分析器通过网络连通性探测进行故障定位的逻辑是：分析器会通过Ping 、OpenFlow构造探测报文等手段来检查目标对象间的连通性，并根据结果判断是否发生故障。例如，当出现交换机管理通道中断故障时，分析器通过周期性地Ping每个纳管设备的管理IP来发现设备是否失联。

华为数据中心网络智能运维方案中，分析器发现并定位故障后，会将故障事件通过部件间API通告给控制器，控制器根据发生的网络故障事件，来判断是否可通过配置手段对故障进行修复。如果可行，则会给出相应的修复预案，用户在故障事件管理UI中选择修复预案后，控制器会对该预案的修复手段做出说明，呈现该预案将下发到设备上的配置信息；如果修复预案实施后会对网络产生影响，控制器还会提供预案影响分析，供用户决策是否要最终实施该修复预案。

根据对故障恢复程度的不同，又可将修复预案划分为恢复预案和隔离预案两种。

1. 恢复预案

恢复预案是通过对故障设备下发配置来修复故障问题，且除修复故障问题外，修复预案不会在设备上产生新的配置（更改设备已有配置中的错误参数除外），设备上已配置的其他网络特性或功能不会受恢复预案影响。因此，从配置层面来说，恢复预案对设备的影响是最小的。

表5-5展示了几种场景产生的故障，控制器可以通过恢复预案尝试对这类故障进行修复。

表 5-5　几种场景产生的故障及恢复预案修复

故障原因	修复动作
设备某些参数配置错误导致的故障	通过预案下发配置，修复错误的参数来进行故障恢复。例如，对于由误配置导致的设备互联 IP 地址冲突，通过重新配置正确的互联 IP 即可排除故障
设备上某些配置未生效导致的故障	控制器通过下发预案，重新提交未生效的配置，尝试修复。例如，判断服务器接入故障，对接入端口进行重启操作
设备内部转发表项不一致导致的故障	控制器可调用设备北向 API，对故障转发表项进行重新平滑，尝试修复
设备发生芯片软失效导致的流量转发异常	在设备无法自修复的情况下，控制器可通过“重启设备”的预案来对设备进行强制重启

2. 隔离预案

设备发生故障，根因在业务侧，或需要现场排查，或需要更换硬件后才能彻底解决的，但是通过配置手段，可以在故障解决前将故障源暂时隔离，以降低或消除其对网络产生的影响，此类型的预案称为隔离预案。

表5-6展示了几种场景产生的故障，可以通过隔离预案进行修复。

表 5-6　几种场景产生的故障及隔离预案修复

故障原因	修复动作
设备发生端口故障，导致端口状态不稳定，影响到业务转发，或流量不能切换至备份链路	通过端口隔离预案将接口暂时关闭，待故障恢复后再启用。例如，对于端口频繁闪断故障，可采用该预案
设备出现故障反复重启，导致网络中路由不稳定，业务转发受影响	通过关闭故障设备端口或提高与周边互联设备接口的路由优先级，将故障设备周边流量隔绝出去，避免向故障设备转发
网络中发生攻击类事件	根据分析器提供攻击端口、IP 等信息，提供 shutdown 攻击端口或过滤攻击流量的预案

5.6.2 复杂故障告警压缩及故障传播路径推荐

对于数据中心网络内的常见故障，可以基于专家经验及规则引擎进行故障定位；对于现网中出现的常见故障范围外的网络故障，目前的故障恢复缺乏相关的分析能力。健康度探索就是针对此类未知故障，对网络对象进行建模，对网络中出现的事件（Syslog、KPI异常、流异常等）进行聚合，通过探索自动识别出故障根因及传播路径，并以图谱的方式直观呈现给客户。

健康度探索在逻辑上分为网络建模、事件挂接和故障探索三个层面。

1. 网络建模

分析器通过SNMP、NETCONF等协议采集设备数据，基于设备层、网络层、协议层、Overlay层、业务层五个维度进行本体建模，同时结合业务场景，对各类本体数据进行关系建模，提取40多类网络对象以及3种网络对象之间的关系。表5-7给出了这些关系的例子。

表 5-7 网络对象之间的关系举例

分类	项目	举例
本体模型	设备层	设备、单板、风扇、电源等
	网络层	接口、光模块等
	协议层	OSPF、OSFP Area、OSPF Network、DFS Group、BGP、BGP Peer 等
	Overlay 层	逻辑路由器、逻辑交换机、BD、VXLAN 隧道、VRF、VAP（Virtual Access Point，虚拟接入点）等
	业务层	IP 地址、应用等
关系类型	从属关系（Belong）	对象 A 属于对象 B，例如接口对象从属于设备对象、OSPF Area 对象从属于 OSPF Process 对象
	关联关系（Related）	对象 A 与对象 B 存在同一个属性，例如 BGP Peer 对象与物理端口对象之间存在同一个 IP 地址
	连接关系（Link）	对象 A 与对象 B 存在连接关系，例如 BGP Peer 对象之间存在连接关系、两台设备的物理端口对象之间存在链路连接关系

如图5-21所示，接口对象（Interface）从属于（Belong）设备对象（Switch）；接口对象与BGP Peer对象之间存在同一个IP地址，建立关联关系（Related）；BGP Peer对象之间由于Router ID与对端的Peer address相同，建立连接关系（Link）。

2. 事件挂接

分析器采集设备上报的Syslog日志、Telemetry数据、ERSPAN流等数据，按规则分析并识别是否有异常，如果有异常，则使用事件来定义网络中发生的故障或者异常，事件中包含发生故障或异常的对象以及对象属性信息。故障探索系统接收到事件数据之后，与当前网络建模对象进行相似度比较，从而确定事件发生的网络对象。

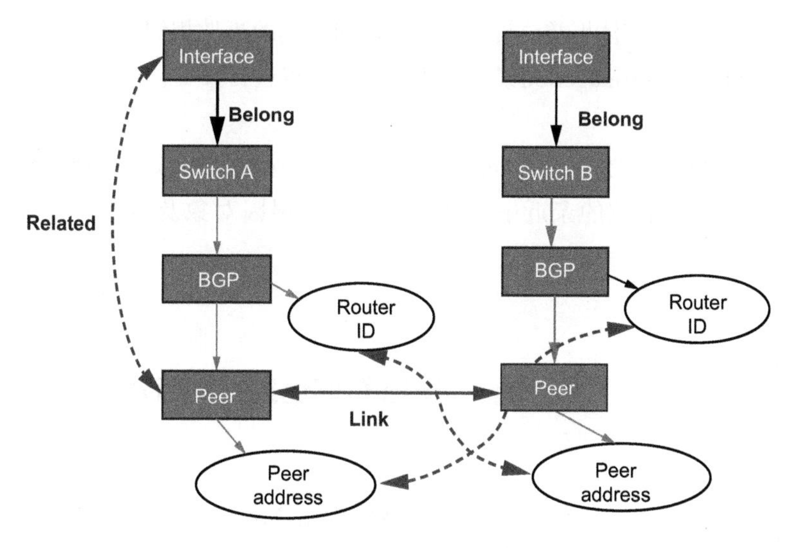

图 5-21　网络建模关系类型

3. 故障探索

故障探索基于时间窗口，结合密度峰值聚类算法、泊松分布算法对事件进行分组，从分组范围内挂接事件的网络对象出发，采用广度优先搜索的方式，逐层向外扩展，寻找可能的故障传播路径，并在传播路径的探索过程中，及时对概率较低的路径进行剪枝，基于0/1/2阶规则的模糊推理等方法，实现以一个网络对象为起点，通过结合网络实体对象、对象关系、网络对象上发生的事件、预定义的已知的故障传播规则等信息，推理出影响该对象健康度的根因。

故障探索共分为两块：故障时间窗分片和故障推理。

故障时间窗分片是指将异常事件采用密度聚合、模型训练、特征提取等方式按时间维度进行分类，并结合静态、动态噪声检测去重，实现异常事件按照时间窗维度分片输出。

故障推理是指故障推理数据源为上述时间分片后的事件集合，基于知识图谱实现故障分组及根因定位，步骤如下。

步骤①　业务路径推理：基于知识图谱对业务路径进行匹配，识别挂接事件的网络对象首尾节点之间的路径关系。

步骤②　约束路径推理：使用广度优先搜索且加上剪枝的算法，在知识图谱上游走，发现满足约束条件的路径上的节点之间的关系。

步骤③　模糊推理：使用0～2阶故障传播关系，基于知识图谱上为每个事件挂接的网络对象节点的关系计算因果关系值，然后使用beam search算法在图谱上游走，发现任意两个挂接事件节点之间的关系。

步骤④　根因实体聚类：提取多个根因对象上的事件相似性、影响节点等特征，通过Affinity Propagation聚类算法对对象节点进行聚类，进一步对挂接事件对象节点进行聚合。

步骤⑤　根因识别：提取同一个分组中的多个根因对象的事件级别、事件发生时间、对象节点的亲近中心性等特征，对根因对象及事件进行最终根因识别。

| 5.7　CloudFabric 智能运维方案简介 |

华为CloudFabric智能运维方案总体架构由iMaster NCE-Fabric控制器、iMaster NCE-FabricInsight智能运维系统（分析器）两部分组成，覆盖数据中心新建及扩容、网络业务可视及发放、网络变更保障、数据中心网络故障主动识别、自动定位及修复数据中心网络运维端到端流程。华为CloudFabric智能运维方案功能的划分情况如图5-22所示。

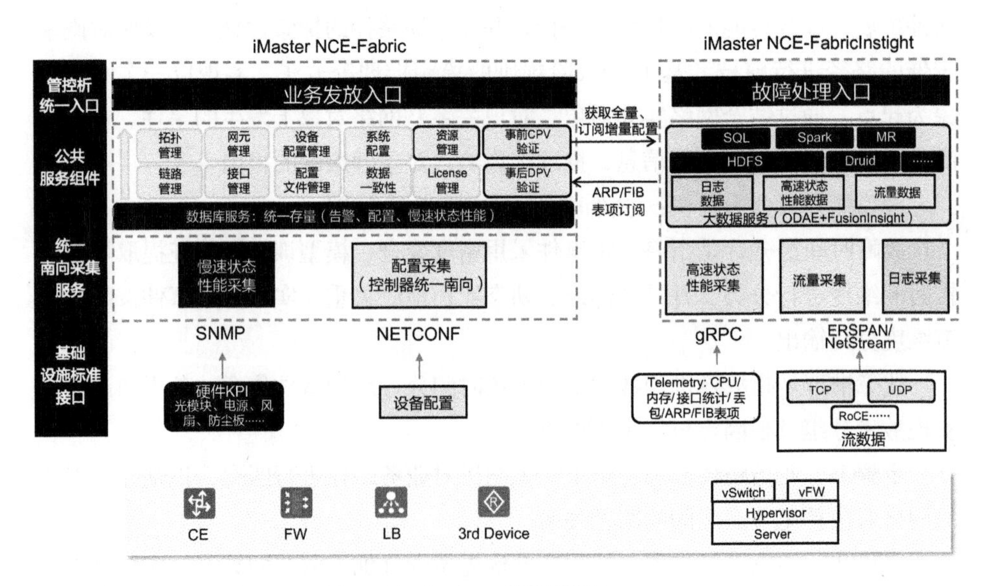

注：CPV 即 Configuratiob Plane Verfication，配置面验证；
DPV 即 Data Plane Verfication, 数据面验证；
MR 即 Measurement Report，测量报告；
HDFS 即 Hadoop Distributed File System，Hadoop 分布式文件系统。

图 5-22　华为 CloudFabric 智能运维方案总结架构

iMaster NCE-Fabric控制器主要功能定位为数据中心网络业务自动发放，可以对接云平台实现云网场景，或对接VMM，实现网络虚拟化场景下的逻辑网络编排及网络设备配置的自动转换与下发。同时，iMaster NCE-Fabric也可以实现机架出租场景下通过其本身UI自主编排逻辑网络模型发放Overlay网络，满足业务在网络中灵活部署的需要。iMaster NCE-Fabric控制器还在CloudFabric整体解决方案中承载了部分运维能力，包括ZTP、路径探测、网络可达性校验，以及网络故障的智能发现、定位、恢复、隔离。

iMaster NCE-FabricInsight是基于华为大数据平台构建的，接收多种网络设备的上报数据，运用智能算法对网络数据进行分析，快速发现网络中的故障和运维隐患，并实现对网络故障的快速定位，呈现关键网络事件，为用户的网络运维提供决策依据。

缩略语表

缩写	英文全称	中文名称
3GPP	3rd Generation Partnership Project	第三代合作伙伴计划
5GC	5G Core Network	5G 核心网
AAA	Authentication，Authorization and Accounting	身份认证、授权和记账协议
ACC	Access Router	接入路由器
ACL	Access Control List	访问控制列表
AD/DA	Analog to Digital/Digital to Analog	模数 / 数模
AF	Authentication Framework	认证框架
AGG	Aggregation Node	汇聚节点
AMF	Access and Mobility Management Function	接入和移动管理功能
ANSI	American National Standards Institute	美国标准学会
API	Application Program Interface	应用程序接口
AR	Augmented Reality	增强现实
ARP	Address Resolution Protocol	地址解析协议
AS	Autonomous System	自治系统
ASPF	Application Specific Packet Filter	针对应用层的包过滤
ATM	Asynchronous Transfer Mode	异步传输模式
AUSF	Authentication Server Function	鉴权服务功能
AV	Antivirus	防病毒
AZ	Availability Zone	可用区域
BBU	Baseband Unit	基带单元
BD	Bridge Domain	桥接域

续表

缩写	英文全称	中文名称
BFD	Bidirectional Forwarding Detection	双向转发检测
BGP	Border Gateway Protocol	边界网关协议
BM	Bare Metal	裸金属服务器，也称裸机
BMC	Baseboard Management Controller	基板管理控制器
BRAS	Broadband Remote Access Server	宽带远程接入服务器
BSC	Base Station Controller	基站控制器
BSS	Business Support System	业务支撑系统
BTS	Base Transceiver Station	基站收发信机
BUM	Broadcast，Unknown-unicast，Multicast	广播、未知单播、组播
CDC	Central Data Center	中心数据中心
CDMA	Code Division Multiple Access	码分多址
CDN	Content Delivery Network	内容分发网络
CE	Custom Edge	用户边缘设备
CGN	Carrier-Grade NAT	运营商级 NAT
CLI	Command Line Interface	命令行接口
CM	Call Manager	呼叫控制
CN	Core Network	核心网
CO	Central Office	端局
CPE	Customer Premises Equipment	用户终端设备，也称用户驻地设备
CRM	Customer Relationship Management	客户关系管理
CS	Circuit Switched	电路交换
CSFB	CS Fallback	电路交换回退
CU	Central Unit	中央单元
DC	Data Center	数据中心
DCGW	Data Center Gateway	数据中心网关
DCI	Data Center Interconnection	数据中心互联

续表

缩写	英文全称	中文名称
DCN	Data Center Network	数据中心网络
DCN	Data Communication Network	数据通信网
DDoS	Distributed Denial of Service	分布式拒绝服务
DFS	Dynamic Fabric Service	动态 Fabric 业务
DHCP	Dynamic Host Configuration Protocol	动态主机配置协议
DN	Data Network	数据网络
DNAT	Destination Network Address Translation	目的网络地址转换
DNS	Domain Name Service	域名服务
DSCP	Differentiated Services Code Point	区分服务码点
DVR	Distributed Virtual Router	分布式虚拟路由器
DWDM	Dense Wavelength Division Multiplexing	密集波分复用
E2E	End to End	端到端
EBGP	External Border Gateway Protocol	外部边界网关协议
ECMP	Equal Cost Multipath	等价多路径
ECN	Explicit Congestion Notification	显式拥塞通知
EDC	Edge Data Center	边缘数据中心
EDC	Enterprise Data Center	企业数据中心
EIP	Elastic IP	弹性 IP
eMBB	enhanced Mobile Broadband	增强型移动宽带
EMS	Element Management System	网元管理系统
ENP	Ethernet Network Processor	以太网络处理器
EPC	Evolved Packet Core	演进型分组核心网
EPS	Evolved Packet System	演进型分组系统
ERSPAN	Enhanced Remoted SPAN	三层远程镜像
ESN	Equipment Serial Number	设备序列号
ETSI	European Telecommunications Standards Institute	欧洲电信标准组织

续表

缩写	英文全称	中文名称
E-UTRAN	Evolved Universal Telecommunication Radio Access Network	演进的通用电信无线电接入网
EVPN	Ethernet Virtual Private Network	以太网虚拟专用网
FC	Fibre Channel	光纤通道
FRR	Fast Reroute	快速重路由
FTTx	Fibre To The x	光纤到 x
FW	Firewall	防火墙
FWaaS	Firewall as a Service	防火墙即服务
GGSN	Gateway GPRS Support Node	网关 GPRS 支撑节点
GN	Generic Number	通用号码
GPB	Google Protocol Buffers	谷歌协议缓冲区
GRPC	Google Remote Procedure Call	谷歌远程过程调用
GSM	Global System for Mobile communications	全球移动通信系统
GTP	GPRS Tunneling Protocol	GPRS 隧道协议
GW	Gateway	网关
HA	High Availability	高可用性
HLR	Home Location Register	归属位置寄存器
HPC	High Performance Computing	高性能计算
HSA	Header Space Analysis	头空间分析
HTTP	Hypertext Transfer Protocol	超文本传送协议
IB	InfiniBand	无限带宽
IBGP	Internal Border Gateway Protocol	内部边界网关协议
ICMP	Internet Control Message Protocol	因特网控制报文协议
ICT	Information Communication Technology	信息通信技术
IDC	Internet Data Center	互联网数据中心
IDS	Intrusion Detection System	入侵检测系统
IGP	Interior Gateway Protocol	内部网关协议

续表

缩写	英文全称	中文名称
IGW	Integration Gateway	集成网关
IMS	IP Multimedia Subsystem	IP 多媒体子系统
IP	Internet Protocol	互联网协议
IPMI	Intelligent Platform Management Interface	智能型平台管理接口
IPS	Intrusion Prevention System	入侵防御系统
IPSec	Internet Protocol Security	IP 安全协议
IPTV	Internet Protocol Television	IP 电视
IPU	Interface Processing Unit	接口处理单元
IS-IS	Intermediate System to Intermediate System	中间系统到中间系统
ISU	Interface&Service Unit	接口和业务单元
IT	Information Technology	信息技术
ITU	International Telecommunication Union	国际电信联盟
JSON	JavaScript Object Notation	JavaScript 对象表示法
KPI	Key Performance Indication	关键性能指标
KVM	Kernel-based Virtual Machine	基于内核的虚拟机
L2VPN	Layer 2 Virtual Private Network	二层虚拟专用网
LB	Load Balancer	负载均衡器
LCS	Location Service	定位服务
LLDP	Link Layer Discovery Protocol	链路层发现协议
LPU	Line Processing Unit	线路处理单元
LTE	Long Term Evolution	长期演进技术
M2M	Machine to Machine	机器与机器通信
MAC	Media Access Control	媒体接入控制
MANO	Management and Orchestration	管理和编排
MDC	Multi-Domain Controller	多域控制器
MEC	Mobile Edge Computing	移动边缘计算

续表

缩写	英文全称	中文名称
MEP	Multi-access Edge Platform	多接入边缘平台
MGC	Media Gateway Controller	媒体网关控制
MGW	Media Gateway	媒体网关
M-LAG	Multi-Chassis Link Aggregation Group	跨设备链路聚合组
MM	Mobility Management	移动管理
MME	Mobility Management Entity	移动管理实体
mMTC	massive Machine-Type Communication	海量机器类通信，也称大连接物联网
MPLS	Multi-Protocol Label Switching	多协议标签交换
MSC	Mobile Switching Center	移动交换中心
MSE	Multi-Service Engine	多业务引擎
MSS	Management Support System	管理支撑系统
MSTP	Multiple Spanning Tree Protocol	多生成树协议
MTBF	Mean Time Between Failure	平均无故障运行时间
MTTR	Mean Time To Recovery	平均恢复时间
NAPT	Network Address and Port Translation	网络地址和端口转换
NAS	Network-Attached Storage	网络附加存储
NAT	Network Address Translation	网络地址转换
NB-IoT	Narrowband Internet of Things	窄带物联网
ND	Neighbor Discovery	邻居发现
NEF	Network Element Function	网元功能
NETCONF	Network Configuration Protocol	网络配置协议
NFV	Network Functions Virtualization	网络功能虚拟化
NFVI	Network Functions Virtualization Infrastructure	网络功能虚拟化基础设施
NFVO	Network Functions Virtualization Orchestrator	网络功能虚拟化编排器
NGBSS	Next Generation Business Support System	下一代业务支撑系统

续表

缩写	英文全称	中文名称
NGMN	Next Generation Mobile Networks	下一代移动网络
NIST	National Institute of Standards and Technology	美国国家标准与技术研究院
NO-PAT	NO Port Address Translation	无端口地址转换
NRF	Network Repository Function	网络存储功能
NS	Network Service	网络服务
NSD	Network Structured Database	网络结构数据库
NSSF	Network Slice Selection Function	网络切片选择功能
NVE	Network Virtualization Edge	网络虚拟化边缘
NVGRE	Network Virtualization using Generic Routing Encapsulation	基于通用路由封装的网络虚拟化
OA	Office Automation	办公自动化
OAM	Operation, Administration and Maintenance	操作、管理与维护
OCS	Online Charging System	在线计费系统
OLT	Optical Line Terminal	光线路终端
OMU	Operation and Maintenance Unit	操作维护单元
OSPF	Open Shortest Path First	开放最短路径优先
OSS	Operations Support System	运营支撑系统
OTN	Optical Transport Network	光传送网
OTT	Over The Top	过顶
OVS	Open vSwitch	开源虚拟交换机
PaaS	Platform as a Service	平台即服务
PCF	Policy Control Function	策略控制功能
PCRF	Policy and Charging Rules Function	策略和计费规则功能
PDN	Public Data Network	公共数据网络
PE	Provider Edge	运营商边缘路由器
PFC	Priority-based Flow Control	基于优先级的控制

续表

缩写	英文全称	中文名称
PGW	PDN Gateway	PDN 网关
PNF	Physical Network Function	物理网络功能
PoD	Point of Delivery	分发点
POP	Point Of Presence	运营网接入点
PSTN	Public Switched Telephone Network	公用电话交换网
QoS	Quality of Service	服务质量
RAN	Radio Access Network	无线电接入网
RBD	Reliability Block Diagram	可靠性框图
RDC	Regional Data Center	区域数据中心
RDMA	Remote Direct Memory Access	远程直接存储器访问
RIB	Routing Information Base	路由信息库
RNC	Radio Network Controller	无线网络控制器
RoCE	RDMA over Converged Ethernet	基于聚合以太网的远程直接存储器访问
RPC	Remote Procedure Call	远程过程调用
RR	Router Reflector	路由反射器
RSPAN	Remote Switched Port Analyzer	远程交换端口分析器
RT	Remote Terminal	远程终端
SAN	Storage Area Network	存储区域网络
SBA	Service Based Architecture	服务化架构
SBC	Session Border Controller	会话边界控制器
SDH	Synchronous Digital Hierarchy	同步数字系列
SDK	Software Development Kit	软件开发工具包
SDN	Software Defined Network	软件定义网络
SDU	Session Database Unit	会话数据库单元
SD-WAN	Software Defined Wide Area Network	软件定义广域网
SF	Service Function	业务功能
SFC	Service Function Chain	业务功能链

续表

缩写	英文全称	中文名称
SFTP	Secure File Transfer Protocol	安全文件传送协议
SFU	Switch Fabric Unit	交换网板单元
SGSN	Serving GPRS Support Node	服务 GPRS 支持节点
SGW	Serving Gateway	服务网关
SLA	Service Level Agreement	服务等级协定
SMF	Session Management Function	会话管理功能
SNAT	Source Network Address Translation	源网络地址转换
SNMP	Simple Network Management Protocol	简单网络管理协议
SOA	Service-Oriented Architecture	面向服务的体系结构
SPM	Security Policy Management	安全策略管理
SPU	Service Process Unit	业务处理单元
SR	Service Router	业务路由器
SRv6	Segment Routing over IPv6	基于 IPv6 的段路由
SSD	Solid State Disk	固态盘
STP	Spanning Tree Protocol	生成树协议
S-GW	Serving Gateway	服务网关
TCP	Transmission Control Protocol	传输控制协议
TDM	Time Division Multiplexing	时分复用
TD-SCDMA	Time Division-Synchronous Code Division Multiple Access	时分同步的码分多址技术
TLV	Type-Length-Value	类型长度值
ToR	Top of Rack	机架交换机
TRILL	Transparent Interconnection of Lots of Links	多链路透明互联
TTM	Time to Market	业务上市所需时间
UDM	Unified Device Management	统一设备管理
UDP	User Datagram Protocol	用户数据报协议

续表

缩写	英文全称	中文名称
UE	User Equipment	用户终端
UI	User Interface	用户接口
UMTS	Universal Mobile Telecommunications System	通用移动通信系统
UPF	User Plane Function	用户面功能
UPG	Unified Packet Gateway	统一分组网关
URL	Uniform Resource Locater	统一资源定位符
URLLC	Ultra-Reliable & Low-Latency Communication	超可靠低时延通信
USN	Unified Service Node	统一服务节点
UTRAN	Universal Telecommunication Radio Access Network	通用电信无线电接入网
VAP	Virtual Access Point	虚拟接入点
VAS	Value-Added Service	增值业务
vBNG	virtual Broadband Network Gateway	虚拟宽带网关
VDC	Virtual Data Center	虚拟数据中心
VDI	Virtual Desktop Infrastructure	虚拟桌面基础架构
VDS	vSphere Distributed Switch	虚拟分布式交换机
vEPC	virtualized Evolved Packet Core	虚拟演进型分组核心网
vFW	virtual Firewall	虚拟防火墙
VIM	Virtualized Infrastructure Management	虚拟基础设施管理
VLAN	Virtual Local Area Network	虚拟局域网
vLB	virtual Load Balancer	虚拟负载均衡器
VM	Virtual Machine	虚拟机
VMM	Virtual Machine Manager	虚拟机管理器
vMSE	virtual Multi-Service Engine	虚拟多业务引擎
VNF	Virtualized Network Function	虚拟化网络功能

续表

缩写	英文全称	中文名称
VNFD	VNF Descriptor	VNF 描述模板
VNFM	Virtualized Network Function Manager	虚拟网络功能管理器
VNI	VXLAN Network Identifier	VXLAN 网络标识符
vNIC	virtual Network Interface Card	虚拟网卡
VPC	Virtual Private Cloud	虚拟私有云
VPN	Virtual Private Network	虚拟专用网
VR	Virtual Reality	虚拟现实
VRF	Virtual Routing and Forwarding	虚拟路由转发
vRouter	virtual Router	虚拟路由器
VRRP	Virtual Router Redundancy Protocol	虚拟路由冗余协议
VSS	Virtual Software Switch	虚拟软件交换机
vSwitch	virtual Switch	虚拟交换机
VTEP	Virtual Tunnel End Point	虚拟隧道端点
vUGW	virtualized Unified Gateway	虚拟统一网关
VXLAN	Virtual eXtensible Local Area Network	虚拟扩展局域网
WAF	Web Application Firewall	Web 应用防火墙
WAN	Wide Area Network	广域网
WCDMA	Wideband Code Division Multiple Access	宽带码分多址
xDSL	x Digital Subscriber Line	x 数字用户线
XML	eXtensible Markup Language	可扩展标记语言
ZTP	Zero Touch Provisioning	零配置部署，业界常称零配置开局